電磁力学

現代物理学叢書

電磁力学

牟田泰三著

岩波書店

現代物理学叢書について

小社は先年，物理学の全体像を把握し次世代への展望を拓くことを意図し，第一級の物理学者の絶大な協力のもとに，岩波講座「現代の物理学」(全21巻)を2度にわたって刊行いたしました．幸い，多くの読者の厚いご支持をいただき，その後も数多くの巻についてさらに再刊を望む声が寄せられています．そこで，このご要望にお応えするための新しいシリーズとして，「現代物理学叢書」を刊行いたします．このシリーズには，読者のご要望に応じながら，岩波講座「現代の物理学」の各巻を順次できるかぎり収めてまいります．装丁は新たにしましたが，内容は基本的に岩波講座の第2次刊行のものと同一です．本シリーズによって貴重な書物群が末永く読みつがれることを願ってやみません．

まえがき

日常見られる物理現象の大半は，電磁気的原因によるものである．乾燥した日にワイシャツが体にまつわりつくのは静電気のせいだし，電灯やラジオやテレビなどはもちろん電磁気的現象を利用している．このように直接的なものでなくても，例えば，ボールが跳ねるのさえ，原子分子のレベルまでさかのぼって考えれば，電子と原子核の間の Coulomb 力に基づいているから，やはり電磁気的な現象であるということができる．したがって，電磁気的現象を正確に記述することのできる理論，すなわち電磁気学は，日常の中できわめて役に立つ重要なものであり，実用の学であるということができる．

しかしながら，電磁気学には，その実用性の他に，もうひとつ重要な側面がある．それは，電磁気学の論理性である．電磁気学は，多様な現象を記述するにもかかわらず，理論の本質的構造は単純明快で，ゲージ不変性という単一の原理から一意的に導くことができる．この理論の基礎方程式は，Maxwell 方程式という簡潔な形にまとめられる．歴史的にみると，電気的現象，磁気的現象，および光学的現象は，本来別々のものであると考えられていた．しかし，電磁気学では，これらの現象を同一の理論の異なった側面であるとみて，統一的立場から取り扱うことによって，初めて完全な定式化を得たのである．この意味で，電磁気学は統一理論の最初の例であるといえる．

電磁気現象の他に日常見られるもうひとつの物理現象として，重力による現象がある．重力は，質量をもった全ての物質にはたらき，万有引力と呼ばれて，地上的スケールから宇宙的スケールにわたる現象を支配している．この重力現象を記述する理論は，Einsteinがつくりあげた一般相対性理論である．

われわれの目にふれる日常的世界は，電磁気力と重力によって支配されている．しかし，ミクロのスケールでの現象も考慮に入れると，この他に強い力と弱い力とよばれるものを考えなければならない．強い力と弱い力は，原子核よりも小さいスケールで，素粒子を結びつけたり，相互に転換させたりするのに重要な働きをしているが，われわれの目につくところで顔を現わすことはない．

自然界で現在知られている力はこの4種類しかない．このうち，電磁気力が，電気的な力と磁気的な力を統一した電磁気学によって記述されるのは，前述のとおりである．近年，弱い力は，量子論のレベルで電磁気力と統一することによって，はじめて定式化できることが発見された．この統一理論は電弱理論(electroweak theory)またはGlashow-Salam-Weinberg理論とよばれている．一方，強い力は量子色力学(quantum chromodynamics)とよばれるゲージ場の理論で記述されることがわかっている．この強い力の理論と重力の理論とを電弱理論と統一して，4つの力の統一理論を完成することが，現代の理論物理学者の大きな夢となっている．

このような観点からみると，電磁気学が統一理論の典型的な最初の例であり，4つの力の統一理論を探っていく上で見習うべきお手本であるという位置づけが，至極もっともであることは理解できるであろう．このような見方は，自然界の基礎法則を理解していく上で大変重要であるだけではない．この観点をはっきり認識して，電磁気学の根幹を理解した上で，その応用を考えれば，個々の現象の背後にある有機的な関係が明確になり，より深い理解の助けになるであろう．電磁気学の統一理論としての側面は，通常の教科書ではあまり強調されていないし，組織立って解説されてもいない．だから，この立場に立って電磁気学をとらえた教科書を新たに書くことにも十分意義はあるであろう．

電磁気学は，自然界に起こる電磁気的な現象にもとづいて作り上げられた理論である．実際，電荷と電荷の間にはたらく力，磁石の間にはたらく力，電流によって生じる磁力，磁力の変動によって生じる電流，などに対する実験式を求め，これらにできるだけ簡潔な数学的表現を与えることによって，電磁気学の基礎となる方程式が得られた．これが Maxwell 方程式である．いったん Maxwell 方程式が確立すると，これをもとにして新しい電磁気現象，すなわち電磁波が予言され，また，この方程式がもっている特徴的な性質を調べることによって，特殊相対性理論とゲージ場の理論が導かれる．この本では，電磁気学のこのような論理的構造を，できるだけ明確にし，電磁気的な諸現象の背後にひそむ基本的な原理を理解することを目標にした．このため，個々の具体的な現象の説明あるいは応用のための例題などは最小限にせざるを得なかった．

統一場の理論という観点を特に強調することによって，電磁気学の理論体系をできるだけ簡潔に説明するというのが本書の目的であるから，書名も，通常の電磁気学との区別をはっきりさせるため，電磁力学とした．本書では，特に後半で，初学者にとってはいささか高度の問題も取り扱ったけれども，できるだけ特別な予備知識なしで読めるように配慮したつもりである．ただベクトル解析の知識と解析力学の初歩的知識は仮定せざるを得なかった．ベクトル解析など本書で用いる数学的予備知識については，付録にまとめておいた．

本書で用いる単位系は MKSA 単位系である．この単位系では，長さの単位は m(メートル)，重さの単位は kg(キログラム)，時間の単位は s(秒)，電流の単位は A(アンペア)である．全ての物理量の単位は，これら 4 つの基本単位をもとにして書き表わすことができる．

本書を書くに当たって，快く討論の相手になってくれ，筆者に執筆の時間を与えて下さった研究室の皆さんや理学部の皆さん，講義の際に活発に質問をしてくれた学生諸君に感謝したい．特に，中村英二教授には，誘電体の説明に関連して貴重なご助言をいただいた．橋本省二君には，古典的荷電粒子に対するゲージ原理について有益な指摘をいただき，河野敏弘君には，原稿全体を通読して色々な意見を述べていただいた．また草野完也氏には，コンピュータによる図の生成のために，貴重な研究の時間を割いて頂き，渡部勇君には図の一部を作成して頂いた．最後に，筆者の研究を支えてくれた妻子と病床の母にこの機会に感謝する．

1992 年 3 月

広島にて　牟田泰三

目次

1 静電気現象

静止した電荷によって引き起こされる物理現象を静電気現象とよぶ．この章では，実験式として得られるCoulombの法則から出発して，静止した電荷による電場を表わす一般式がいかに導かれるかについて説明する．この式は，電磁場の基礎方程式であるMaxwell方程式の1つとなるものである．真空中での電場についてまず考察し，次に導体中および誘電体中での電場について考える．

1-1 Coulomb力とGaussの定理

真空中の静電場について考察する．静止した電荷による力に対して実験的に得られる法則，すなわちCoulombの法則を，より一般的な形式で表現することによって，真空中の静電場に対する基礎方程式を求める．

a） 電荷

ガラス棒を綿布で摩擦すれば，これらのものは互いに引き合うようになる．これは，原子のレベルまでさかのぼっていえば，摩擦によってガラス棒の電子が綿布に移って，両者が電気を帯びるようになるためである．このような電気的現象のもとになるものを**電荷**(electric charge)という．電荷をもった(帯電した)粒子を**荷電粒子**とよび，特に大きさをもたない(大きさを無視できる)荷電粒子を**点電荷**とよぶ．現実には，全く広がりをもたない電荷というものは存在しないであろうが，ちょうど力学で質点というものを考えるのと同じように，理想化したものとして点電荷を考えるのである．以下の議論では，点電荷に基づく電磁気現象を出発点として，電磁気学の定式化を考えていくことにしよう．

帯電の強さ，すなわち電荷の大きさを，**電気量**という．ガラス棒を綿布で摩擦して，ガラス棒と綿布の間の距離を変えると，それらの間にはたらく力の強さが変化する．この距離を一定に保っても，ガラス棒を綿布でこする強さを変えてやると，やはり力の強さは変わる．これは，ガラス棒と綿布に発生した電気量が変わったためである．そこで，電気量を定量的に表わすためには，2つの帯電物質の間の距離を一定に保って，その間にはたらく力の大きさを測ってやればよいことが分かる．MKSA 単位系では，電気量を表わす単位として C (クーロン)を用いる．1 C は次のような約束によって決める．

> 真空中で 1 m 離した 2 つの同じ点電荷にはたらく力が 8.9878×10^9 N (N＝ニュートン＝$\mathrm{kg\cdot m/s^2}$)であるとき，その電気量を 1 C とよぶ．

上の定義で，力の大きさが 8.9878×10^9 N という変な値になっているのは，MKSA 単位系では，電気量の定義がもともと電流を用いて与えられるのを，ここで Coulomb 力を用いた定義に焼き直したためである．(電荷の流れが電流である．1 A(アンペア)の電流が，断面を通して毎秒運ぶ電気量を 1 C と定義する．すなわち，1 C＝1 A･s.) cgs 単位系では，電気量の定義がもともと Coulomb 力をもとにして与えられるので，変な数字は現われない．

> 真空中で 1 cm 離した 2 つの同じ点電荷にはたらく力が 1 dyn であるとき，その電気量を 1 esu とよぶ．

電荷には，正電荷(プラス)と負電荷(マイナス)がある．実験事実として，異符号の電荷同士は引力を及ぼしあい，同符号の電荷同士は斥力を及ぼしあうことが知られている．前述のガラス棒と綿布の場合，どちらが正でどちらが負かというのは，定義の問題であるが，通常，電子の電荷を負と定義するので，電子が乗り移った綿布のほうが負で，電子をはぎとられたガラス棒のほうが正である．

さて，電気量は連続的な量であり，1 C でも 0.0001 C でも，もちろん許される．では，自然界にはどんな小さな電気量でも存在するかというと，そうではない．電子のもつ電気量(の絶対値)より小さなものは自然界にはないのである．電子の電荷を $-e$ としたとき，e を**素電荷**という．電子の電荷は，MKSA 単位系では

$$-e = -1.602\times10^{-19}\ \ \mathrm{C}$$

である．どんな帯電物質の電荷も，素電荷 e の整数倍になっている．もっとも，この整数たるや通常は莫大なものであるから，誰も電荷が e の整数倍であるなどとは気がつかない．だから，電気量は連続的であるといっても実用上さしつかえない．

陽子の電荷の大きさは，電子の電荷のそれに正確に等しく，その符号は逆である．他の素粒子の電荷も素電荷 e に等しいかそれの整数倍である．なぜそうなのかは分かっていない．近年，素粒子のクォーク模型が理論的にも実験的にも確立し，例えば陽子は 3 個のクォークから成ると考えられている．クォークの電荷は，$2e/3$ か $-e/3$ である．したがって，素電荷は e ではなくて，むしろ $e/3$ ではないかと思われるが，クォークは陽子などの素粒子の中でのみ存在し，外部に現われることがないので，自然界で直接観測される電荷としてはやはり e が素電荷なのである．

b) Coulomb の法則

1785 年，C. A. Coulomb は，真空中の点電荷の間にはたらく力に関する実験事実をまとめ，次のような実験則を得た．

(1) 2 つの点電荷(電気量がそれぞれ Q と Q')にはたらく力は，それぞれの電気量に比例し，点電荷の間の距離の 2 乗に逆比例する．

(2) 同種電荷の場合は斥力で，異種電荷の場合は引力である．

(3) はたらく力の方向は，2 つの点電荷を結ぶ直線の方向である．

これを **Coulomb の法則**という．また，点電荷の間にはたらくこのような力を **Coulomb 力**という．

Coulomb 力 $\boldsymbol{F}$ に対する上の実験則は，次のような式にまとめることができる．

$$\boldsymbol{F} = \frac{QQ'}{4\pi\varepsilon_0 r^2}\frac{\boldsymbol{r}}{r}, \qquad \varepsilon_0 = 8.854\times10^{-12} \quad \mathrm{C^2/(N\cdot m^2)} \tag{1.1}$$

ここで，r は 2 つの点電荷の間の距離で，$\boldsymbol{r}$ は一方の点電荷から他方の点電荷へ向かう位置ベクトルである．電気量 Q, Q' は符号も含むものとする．係数 $1/4\pi\varepsilon_0$ は，MKSA 単位系をとったためにつくものである．cgs 単位系では，前項の電気量の定義から明らかなように，この係数は 1 となる．ε_0 は，真空の誘電率とよばれる．

c）電場

水面に質点を落とせば，そこを中心として円状に波が広がる．この同じ点を，細い棒で一定の間隔をおいてつつけば，この点のまわりは同心円状の波で埋めつくされる．このような状態にある水面を，波動の場または**波動場**とよぶことにする．

波動場のある 1 点に，水に浮く質点をのせたとすると，上下運動をする．この現象は，水面をつついている棒がまず波動場を作りだし，浮いている質点がこの波動場から力を受けているために起こると考えることができる．

しかし，この波動場のことを忘れてしまって，棒からの力が，直接浮いている質点に及ぼされたと考えて，水に浮く質点の運動を考察したとしても間違いとはいえない．

上の例のように，力の伝達という現象を，まず力の源のまわりに場が生じて，その場が質点に力を及ぼすというふうに考えることができ，これを**近接作用**の考え方という．

これに対して，力は空間的に離れたところに直接的に伝わるという考え方もあり，これを**遠隔作用**の考え方という．

上の水の波の場合は，どうみても近接作用の考え方のほうが優れているようにみえる．Coulomb 力や万有引力の場合はどうであろうか．

式(1.1)で与えた Coulomb の法則は，遠隔作用の考え方によっている．す

なわち，式(1.1)は，遠隔作用の考え方では

電荷 Q と Q' の間に，空間を通して力 $\boldsymbol{F}$ が直接はたらく

ということを示していることになる．この Coulomb の法則を，近接作用の考え方で見直してみよう．式(1.1)を

電荷 Q のまわりに力の場が発生し，この力の場が電荷 Q' に力を及ぼす

というふうに解釈する．電荷 Q のまわりに生じた力の場を**電場**(electric field)という．電場の強さ E を，単位電荷にはたらく力として定義する．強さ E の電場の下においた電荷 Q' にはたらく力 F は

$$F = Q'E$$

で与えられる．よって，電場 E の単位は $[E]$＝N/C＝V/m である．ただし，V は電位の単位すなわちボルト(f 項参照)であり，カッコ［　］は，それではさまれた量の単位のみを表わす記号である．

ここで，考えている電荷 Q は，暗黙のうちに動かないものとしている．Q が動く場合は第 3 章以後に取り扱うことにする．このように静止した電荷による電場は**静電場**とよばれる．

さて，Coulomb 力の場合は，電荷 Q から距離 r 離れた地点での電場 E は，式(1.1)により

$$E = \frac{Q}{4\pi\varepsilon_0 r^2}$$

で与えられることがわかる．Coulomb 力に対応する電場を特に **Coulomb 場**とよんでいる．電場は，単位電荷にはたらく力なのだから，力としての方向をもっている．すなわち，ベクトル量である．Coulomb 力の場合は，式(1.1)からわかるように，電荷 Q から距離 r だけ離れた点 $\boldsymbol{r}$（電荷 Q の位置を原点にとる）での電場ベクトル $\boldsymbol{E}$ は

$$\boldsymbol{E} = \frac{Q}{4\pi\varepsilon_0 r^2}\frac{\boldsymbol{r}}{r} \tag{1.2}$$

で与えられる．いま，電荷 Q は正だとすると，Q による Coulomb 場 $\boldsymbol{E}$ の向きは，図 1-1 に示すように，電荷 Q を中心として放射状に外向きである．

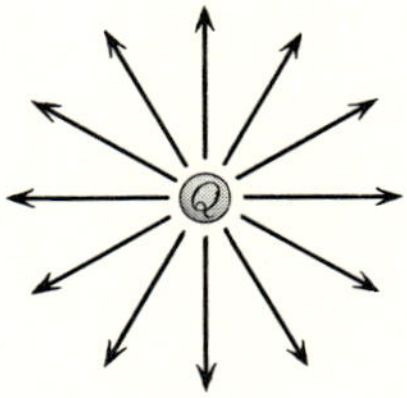

図 1-1 電荷 Q のまわりの電場(Coulomb 場).

式(1.2)で与えられる電場 $\boldsymbol{E}$ は，位置ベクトル $\boldsymbol{r}$ に比例するのだから，重ね合わせの原理に従う．すなわち，n 個の点電荷 $Q_1, Q_2, \cdots, Q_n$ によって点 P(位置ベクトル $\boldsymbol{r}$)に生じる電場 $\boldsymbol{E}$ は，それぞれの電場 $\boldsymbol{E}_1, \boldsymbol{E}_2, \cdots, \boldsymbol{E}_n$ のベクトル和として表わすことができる．

$$\boldsymbol{E} = \sum_{i=1}^{n} \boldsymbol{E}_i, \qquad \boldsymbol{E}_i = \frac{Q_i}{4\pi\varepsilon_0 {R_i}^2}\frac{\boldsymbol{R}_i}{R_i} \qquad (i=1,2,\cdots,n) \tag{1.3}$$

ここで，$\boldsymbol{R}_i\,(i=1,2,\cdots,n)$ は，各点電荷 Q_i から点 P に向かう位置ベクトルで，$\boldsymbol{R}_i = \boldsymbol{r} - \boldsymbol{r}_i$ である(図 1-2 参照)．

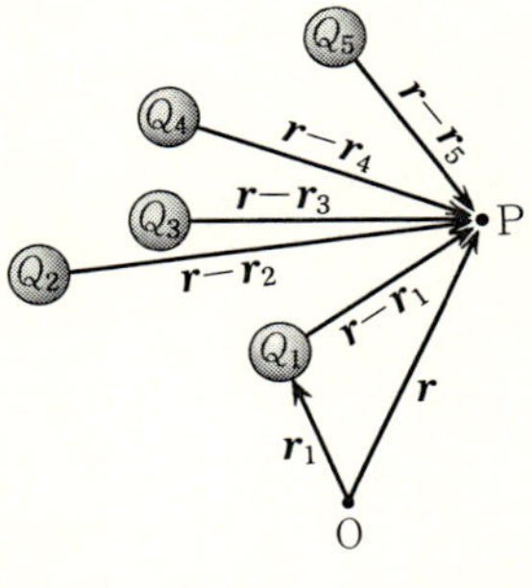

図 1-2 複数個の点電荷 $Q_1, Q_2, Q_3, \cdots$ が点 P につくる電場.

重ね合わせの原理は，電荷分布が連続的である場合にも拡張できる．いま，図 1-3 のように，電荷が領域 V にわたって電荷密度 $\rho(\boldsymbol{r})$ で分布しているとしよう．この電荷分布によって点 P に生じる電場 $\boldsymbol{E}$ は，式(1.3)の和を積分で置き換えて

$$\boldsymbol{E}(\boldsymbol{r}) = \int_V dv' \frac{\rho(\boldsymbol{r}')}{4\pi\varepsilon_0 R^2}\frac{\boldsymbol{R}}{R} \tag{1.4}$$

となる．ここで，$\boldsymbol{R} = \boldsymbol{r} - \boldsymbol{r}'$ である．また，dv' は領域 V の体積要素であり，直交座標系では $dv' = dx'dy'dz'$ である．領域 V の全電荷 Q は

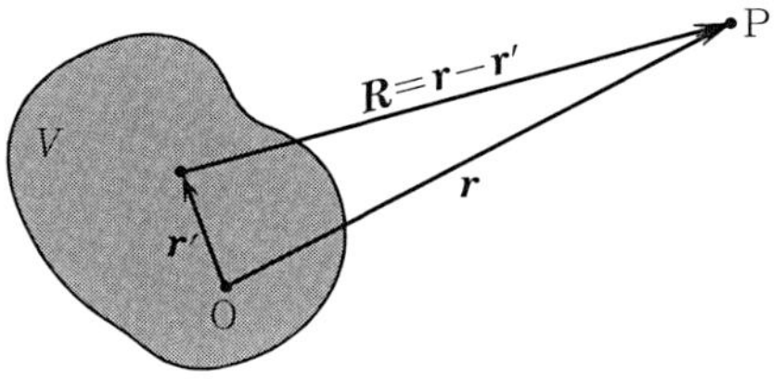

図 1-3 電荷の連続的分布による点 P での電場.

$$Q = \int_V dv' \rho(\boldsymbol{r}') \tag{1.5}$$

で与えられる.

じつは，式(1.4)は，式(1.2)や(1.3)を含むより一般的な式だと考えることができる．なぜなら，式(1.4)で

$$\rho(\boldsymbol{r}') = Q\delta^3(\boldsymbol{r}')$$

とおけば，式(1.2)が得られるし，

$$\rho(\boldsymbol{r}') = \sum_{i=1}^{n} Q_i \delta^3(\boldsymbol{r}' - \boldsymbol{r}_i)$$

とおけば，式(1.3)が得られるからである．ここで，$\delta^3(\boldsymbol{r})$ は3次元のデルタ関数である.

空間の各点での電場の向きを表わす矢印を連続的につなぎあわせて，ひとつながりの線としたものを**電気力線**という．例えば，1つの正電荷 $+Q$ による電気力線を平面上で描いたものは，図 1-4(a)のようになり，1つの正電荷 $+Q$ と1つの負電荷 $-Q$ による電気力線を立体的に描くと，図 1-4(b)のようになる．電気力線は次のような性質をもっている.

(1) 電気力線の接線の向きは，その点での電場の向きである.

(2) 電気力線は交わることはない.

(3) 電気力線の始点は正電荷または無限遠点であり，終点は負電荷または無限遠点である.

(4) 電気力線の密度は電場の強さに比例する.

この(1)の性質は，電気力線の定義そのものであり，(2)の性質は，電気力線の

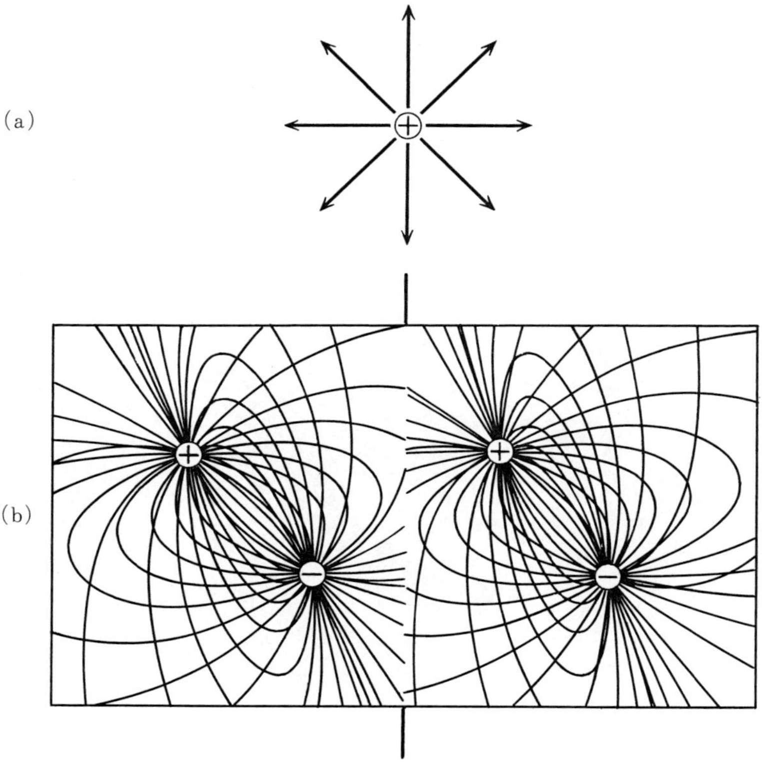

図 1-4 (a) 1つの電荷 $+Q$ による電気力線を平面上に投影したもの. (b) 正電荷 $+Q$ と負電荷 $-Q$ による電気力線を立体図に表わしたもので, 中心線を境として右目と左目で図を重ねて見ると立体的に見える.

向きは電場の向きそのものであって, 電場の向きは各点で1つであることを考えると, 自明のことである. (3)の性質も, 電気力線の定義から明らかである. (4)の性質については, 次の d 項で考えることとする.

d) Gauss の定理

真空中の点電荷 Q による電場 $\boldsymbol{E}$ は式(1.2)の形で与えられ

$$\boldsymbol{E} = \frac{Q}{4\pi\varepsilon_0 r^2}\frac{\boldsymbol{r}}{r} \tag{1.6}$$

である．いま，図 1-5 のように，この点電荷を中心として半径 $\boldsymbol{r}$ の球面を考える．

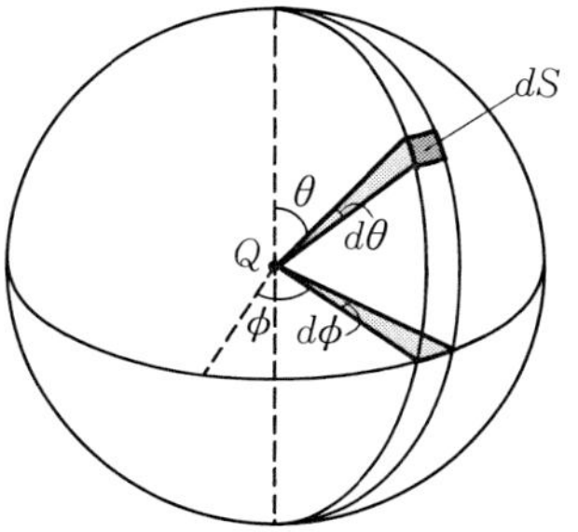

図 1-5 電荷 Q を中心とした球面．

この球の表面積は $S=4\pi r^2$ であるから

$$\varepsilon_0 ES = Q$$

が成り立つ．この式を，球面上の面積分の形で書き表わすと

$$\int_S \varepsilon_0 \boldsymbol{E}\cdot d\boldsymbol{S} = Q \tag{1.7}$$

となる．ここで，$d\boldsymbol{S}$ は，図 1-5 に示されているように，球面の微小面積を表わす面素ベクトルで，その向きは球面の法線方向である．実際，いまの場合

$$d\boldsymbol{S} = (rd\theta)(r\sin\theta d\phi)\frac{\boldsymbol{r}}{r} \tag{1.8}$$

であるから，直接計算によって式(1.7)が正しいことが分かる．

式(1.7)は，S が球面でなくても，点電荷 Q を囲む閉曲面であれば，どんな曲面であっても成り立つことを示すことができる．例えば，図 1-6(a)のような閉曲面を考えてみよう．

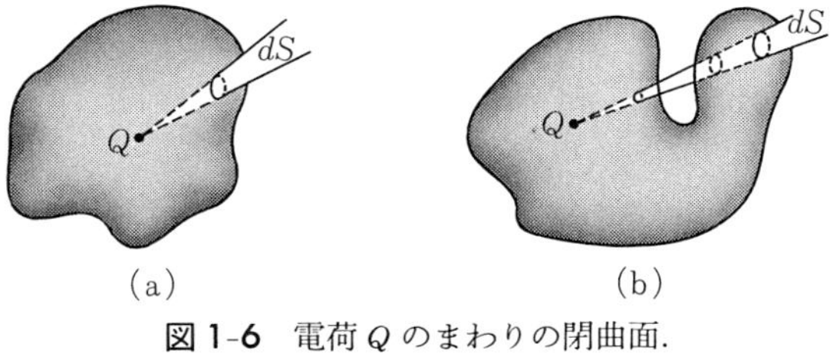

図 1-6 電荷 Q のまわりの閉曲面．

このとき，$\boldsymbol{dS}$ は必ずしも $\boldsymbol{r}$ 方向を向いているわけではないから，式(1.8)で与えられるものとは違っている．しかし，$\boldsymbol{dS}$ の $\boldsymbol{r}$ 方向成分 dS_r を取ると，それは式(1.8)の絶対値と一致する．すなわち

$$dS_r = |\boldsymbol{dS}| = r^2 \sin\theta d\theta d\phi$$

ところで，式(1.6)で与えられる電場 $\boldsymbol{E}$ の $\boldsymbol{r}$ 方向成分を E_r とすると

$$\boldsymbol{E}\cdot\boldsymbol{dS} = E_r dS_r = \frac{Q}{4\pi\varepsilon_0}\sin\theta d\theta d\phi$$

であるから，結局，球面の場合の式(1.7)と一致してしまう．

閉曲面 S が図 1-6(b)のようになっていても同じである．この場合は，$\boldsymbol{dS}$ は 3 重になっているが，3 重の面素のうちの 1 つは面素の方向が逆だから，もう 1 つと打ち消し合い，1 つだけの寄与が残る．この残ったものは，上に述べたのと同じ理由で，球面の寄与と同じになる．

こうして，式(1.7)は，真空中の点電荷 Q をかこむ任意の閉曲面に対して正しいことが分かった．また，閉曲面が電荷 Q を内側に含んでいないときは

$$\int_S \boldsymbol{E}\cdot\boldsymbol{dS} = 0 \tag{1.9}$$

が成り立つ．もっとも，式(1.9)は，式(1.7)で $Q=0$ としたものと考えれば，式(1.7)に含まれるともいえる．

式(1.7)は，点電荷がいくつもある場合に容易に拡張することができる．実際，図 1-2 のように n 個の点電荷がある場合を考えると，この n 個の点電荷すべてをかこむ閉曲面 S に対して

$$\int_S \varepsilon_0 \boldsymbol{E}\cdot\boldsymbol{dS} = \sum_{i=1}^{n} Q_i \tag{1.10}$$

が成り立つ．これは次のように考えればよい．式(1.10)の左辺に式(1.3)を代入すると

$$\int_S \varepsilon_0 \boldsymbol{E}\cdot\boldsymbol{dS} = \sum_{i=1}^{n}\int_S \varepsilon_0 \boldsymbol{E}_i\cdot\boldsymbol{dS}$$

であるが，各 $\boldsymbol{E}_i$ および Q_i に対して式(1.7)が成り立つのだから，式(1.10)の

右辺が得られる．

もっと一般に，式(1.4)で与えられる電場 $\boldsymbol{E}$ に対しても上の議論が成り立つことが分かる．実際，式(1.4)で与えられる電場 $\boldsymbol{E}$ に対しては

$$\int_S \varepsilon_0 \boldsymbol{E}\cdot d\boldsymbol{S} = \int_V dv'\rho(\boldsymbol{r}')\frac{1}{4\pi}\int_S \frac{\boldsymbol{R}\cdot d\boldsymbol{S}}{R^3}$$

であるが，前に述べた理由で閉曲面 S は点 $\boldsymbol{r}'$ を中心とする球面ととってもよいので

$$\frac{1}{4\pi}\int_S \frac{\boldsymbol{R}\cdot d\boldsymbol{S}}{R^3} = \frac{1}{4\pi}\int \frac{\boldsymbol{R}}{R^3}\cdot Rd\theta R\sin\theta d\phi\frac{\boldsymbol{R}}{R} = 1$$

であるから，

$$\int_S \varepsilon_0 \boldsymbol{E}\cdot d\boldsymbol{S} = \int_V dv'\rho(\boldsymbol{r}') = Q \tag{1.11}$$

を得る．

このように，真空中での Coulomb の法則(1.1)をもとにして導かれる電場 $\boldsymbol{E}$ は，全電荷 Q を内側に含む任意の閉曲面 S に対して

$$\int_S \varepsilon_0 \boldsymbol{E}\cdot d\boldsymbol{S} = Q \tag{1.12}$$

を満たすことが分かる．式(1.12)は **Gauss の定理**とよばれている．

Coulomb の法則から得られる電場は，電荷の分布の仕方によって，式(1.2)や(1.3)や(1.4)のようにそれぞれ異なった形をとるから，その場その場で具体的に電場の式を書いてやらねばならない．これは，一般法則を示すという立場からはたいへん不満足なことである．これに対して，Gauss の定理の形で表わせば，どんな条件下でも式の形は変わらず，汎用性が高い．そこで，真空中での静電場を求めるのに，Coulomb の法則から出発することをせず，むしろ Gauss の定理を出発点にしたほうが便利である．以後，Gauss の定理を，静電場に対する，より基礎的な式とみなすことにしよう．

ここで，Gauss の定理の応用として，前項の終りで述べた事実，電気力線の密度は電場の強さに比例する，に対する証明を与えよう．図 1-7 に示すよう

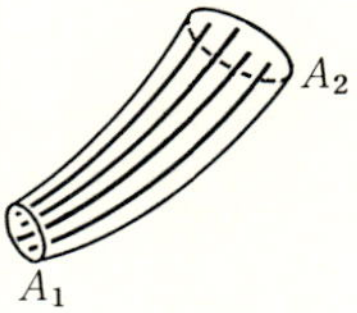

図 1-7 電気力線の束.

に，一定の数の電気力線の束を考える．図の断面 A_1 と A_2 では電気力線の数は同じであるが断面積 A_1 と A_2 は異なっている．そこで，電気力線の密度はそれぞれ $\rho_1=1/A_1$ と $\rho_2=1/A_2$ である．断面 A_1 と A_2 での電場の強さをそれぞれ E_1 と E_2 としよう．図 1-7 で表わされる電気力線の束の表面を S とし，この S に対して Gauss の定理を適用すると，S の側面では電場の法線成分がないので

$$E_1 A_1 - E_2 A_2 = 0$$

となる．したがって

$$\frac{E_1}{\rho_1} = \frac{E_2}{\rho_2}$$

すなわち，電場の強さは電気力線の密度に比例している．

e) Gauss の定理の微分形

真空中の静電場に対する基礎方程式は Gauss の定理(1.12)である．この式の特徴は，それが積分形で与えられていることである．ところで，力の近接作用の立場に立てば，すぐ近くの情報が分かれば，それを積み上げて遠方の情報を引き出すことができるはずである．したがって，積分形という大局的な情報を使った式も，局所的な情報のみを使って書いた微分形の式に書き直すことができると考えられる．ただしこのとき，微分形では大局的な形を決める情報，すなわち境界条件，が欠けているので，これを補ってやる必要があるであろう．

この観点から，積分形である Gauss の定理を微分形の式に書き換えることを試みてみよう．ベクトル解析の Gauss の発散定理によると

$$\int_S \boldsymbol{E}\cdot d\boldsymbol{S} = \int_V dv\, \mathrm{div}\, \boldsymbol{E} \tag{1.13}$$

である．ここで，V は閉曲面 S でかこまれる領域を表わし，dv は V の中の体

積要素である．いま，領域 V に含まれる全電荷 Q は密度 ρ で分布しているとすると，

$$Q = \int_V dv\rho(\boldsymbol{r}) \tag{1.14}$$

だから，Gauss の定理(1.12)に式(1.13)と(1.14)を代入すると，

$$\varepsilon_0 \int_V dv \operatorname{div} \boldsymbol{E} = \int_V dv\rho(\boldsymbol{r})$$

を得る．閉曲面 S は任意であったのだから，領域 V も任意である．したがって，この式が成り立つためには，被積分関数の段階で等式が成り立っていなければならない．すなわち

$$\varepsilon_0 \operatorname{div} \boldsymbol{E} = \rho \tag{1.15}$$

静電場 $\boldsymbol{E}$ に対する微分方程式(1.15)は，適当な境界条件をつけることによって，Gauss の定理(1.12)と同等となる．本書では，近接作用の立場をとり，すべての基礎方程式は微分形で書くことにする．したがって，式(1.15)が真空中の静電場 $\boldsymbol{E}$ に対する基礎方程式である．

f） 電位

真空中の静電場に対する基礎方程式は Gauss の定理だと前項で述べたが，Coulomb の法則から導かれるもう 1 つの重要な性質があって，これも基礎方程式として加えておかねばならない．これについて考えてみよう．

点電荷 Q による Coulomb 場 $\boldsymbol{E}$ は，式(1.6)で与えられる．いま

$$\operatorname{grad} \frac{1}{r} = -\frac{\boldsymbol{r}}{r^3}$$

が成り立つから，式(1.6)は

$$\boldsymbol{E} = -\frac{Q}{4\pi\varepsilon_0} \operatorname{grad} \frac{1}{r}$$

と書ける．そこで

$$\phi(\boldsymbol{r}) = \frac{Q}{4\pi\varepsilon_0 r} \tag{1.16}$$

とおけば，Coulomb 場は

$$\boldsymbol{E} = -\mathrm{grad}\,\phi \tag{1.17}$$

と書くことができる．すなわち，Coulomb 場は，関数 ϕ の勾配の形になっている．ベクトル解析で現われる恒等式 rot grad＝0 に注意すると，Coulomb 場のこの性質は

$$\mathrm{rot}\,\boldsymbol{E} = 0 \tag{1.18}$$

という式で表わされる．すなわち，Coulomb 場は回転がゼロであって，**渦なしの場**である．ここでは，点電荷による Coulomb 場という簡単な場合に式(1.17)および(1.18)を導いたが，式(1.4)で与えられるようなもっと一般の場合にもこれらは成り立つ．式(1.18)は，後に Maxwell 方程式の一部となる重要な式である．

式(1.16)で与えられる関数 ϕ は **Coulomb ポテンシャル**または**静電ポテンシャル**(electrostatic potential)とよばれる．このへんの事情は力学の場合とよく似ている．力学では，保存力に対して式(1.17)と同様の式でポテンシャルが定義される．静電ポテンシャルはまた**電位**ともよばれる．Coulomb 場の一般的な形(1.4)に対応する電位(静電ポテンシャル)は

$$\phi(\boldsymbol{r}) = \int_V dv' \frac{\rho(\boldsymbol{r}')}{4\pi\varepsilon_0 R} \tag{1.19}$$

である．ただしここで，$R=|\boldsymbol{r}-\boldsymbol{r}'|$ である．

具体的な問題を解く際に，電場を直接取り扱ってもよいが，電場はベクトル量なので扱いにくいことが多い．電場を扱う代わりに電位を用いれば，問題がずっと簡単になることがある．このような意味で電位という概念は重要である．そればかりでなく，電位は以下で述べる電圧というかたちで測定可能な量とかかわっている．電位を求めるには，式(1.19)を直接適用してもよいが，次に示す微分方程式を解いてもよい．式(1.17)を基礎方程式(1.15)に代入し，

$$\mathrm{div\,grad} = \frac{\partial^2}{\partial x^2}+\frac{\partial^2}{\partial y^2}+\frac{\partial^2}{\partial z^2} \equiv \Delta \quad (\text{ラプラシアン})$$

に注意すれば，

$$\triangle\phi = -\frac{\rho}{\varepsilon_0} \tag{1.20}$$

を得る．これが電位 ϕ を求めるための微分方程式で，**Poisson の方程式**とよばれる．特に，電荷分布がないとき，すなわち $\rho=0$ のとき，この式は**Laplace の方程式**とよばれる．式(1.19)で与えられる電位 ϕ は Poisson の方程式を満たす．これは，

$$\triangle\frac{1}{|\boldsymbol{r}-\boldsymbol{r}'|} = -4\pi\delta^3(\boldsymbol{r}-\boldsymbol{r}')$$

に注意することによって示すことができる．

電場 $\boldsymbol{E}$ が与えられたとき，式(1.17)を用いて電位 ϕ を求める方法を考えてみよう．まず

$$\begin{aligned}\boldsymbol{E}\cdot d\boldsymbol{r} &= -(\mathrm{grad}\,\phi)\cdot d\boldsymbol{r}\\ &= -\left(\frac{\partial\phi}{\partial x}dx+\frac{\partial\phi}{\partial y}dy+\frac{\partial\phi}{\partial z}dz\right)\\ &= -d\phi\end{aligned}$$

であるから，$\boldsymbol{E}\cdot d\boldsymbol{r}$ は関数 ϕ の全微分になっている．したがって，これは積分できて

$$\int_{\mathrm{P}_1}^{\mathrm{P}_2}\boldsymbol{E}\cdot d\boldsymbol{r} = \phi(\boldsymbol{r}_1)-\phi(\boldsymbol{r}_2) \tag{1.21}$$

となる．ただし，図 1-8 に示すように，$\boldsymbol{r}_1$ および $\boldsymbol{r}_2$ はそれぞれ点 P_1 と P_2 の座標であり，左辺の積分は線積分である．式(1.21)の左辺は，単位電荷を点 P_1 から P_2 まで運ぶときの仕事量であり，右辺はこれらの 2 点間の電位の差すなわちエネルギー差である．$\phi(\boldsymbol{r}_1)-\phi(\boldsymbol{r}_2)$ を 2 点 $\mathrm{P}_1, \mathrm{P}_2$ 間の**電位差**(potential difference)という．これは，**電圧**ともよばれる．

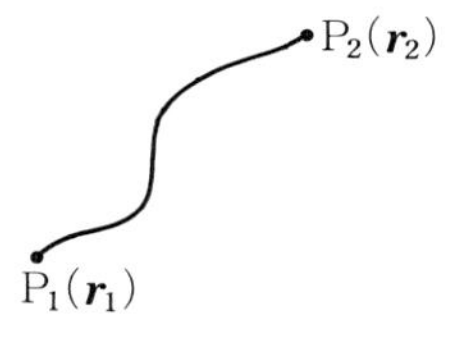

図 1-8　2 点 $\mathrm{P}_1, \mathrm{P}_2$ 間の線積分の経路．

式(1.21)で，電位差は，左辺の線積分の経路の取り方によらない．実際，図 1-9 のように，2 つの異なった経路 C_1 と C_2 をとったとして，

$$\int_{C_1} \boldsymbol{E} \cdot d\boldsymbol{r} - \int_{C_2} \boldsymbol{E} \cdot d\boldsymbol{r} = \oint_C \boldsymbol{E} \cdot d\boldsymbol{r} = \oint_C d\phi = 0$$

が成り立つ．ここで，経路 C は，図 1-9(b)で与えられるものである．上式で，経路 C についての線積分は周回積分であることを強調するために，記号 $\oint$ を用いた．以後特に周回積分であることを強調する必要がないかぎり，この記号をあえて使うことはせず，経路 C が閉じているかどうかで，周回積分であるかどうかを判断することとする．

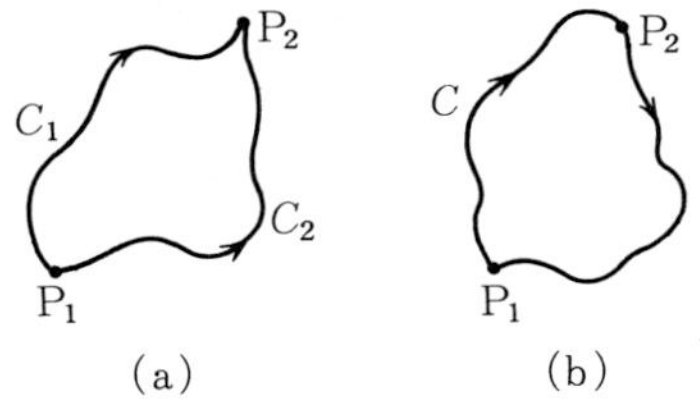

図 1-9 (a)2 点 P_1, P_2 をつなぐ 2 つの経路 C_1, C_2．(b)2 点 P_1, P_2 を通る閉曲線 C．

いま，電位 ϕ は遠方で十分速くゼロになっているものとすると，$\boldsymbol{r}_2 \to \infty$ とすることによって，

$$\phi(\boldsymbol{r}) = \int_{\mathrm{P}}^{\infty} \boldsymbol{E} \cdot d\boldsymbol{r} \qquad (1.22)$$

を得る．ここで，$\boldsymbol{r}_1 = \boldsymbol{r}$，$\mathrm{P}_1 = \mathrm{P}$ である．

電位，電位差(電圧)の単位はボルト V である．ある点から他の点へ 1 C の電荷をゆっくりと移動させるのに要した仕事量が 1 J(ジュール=$\mathrm{kg \cdot m^2/s^2}$)であったとき，この 2 点間の電位差は 1 V であるという．したがって，V=J/C である．式(1.21)によれば，電位差は［電場×長さ］の次元をもっている．すなわち，$[\phi] = [E] \cdot \mathrm{m}$ である．だから，$[E] = \mathrm{V/m}$ となる．これは以前に c 項で出てきた関係である．

g) 例題

1-1 節では，真空中の静電場を求めるためのいくつかの方法を考えてきた．それらを列挙すると次の 4 通りとなる．

（1） Coulomb の法則に従って，式(1.4)によって直接求める．

（2） Gauss の定理(1.12)を用いる．ただし，静電場は渦なしという条件を考慮する．

（3） Gauss の定理の微分形(1.15)と渦なしの条件式(1.18)を用いる．ただし，解くべき問題に応じて境界条件をおく．

（4） 静電ポテンシャル ϕ を式(1.19)または(1.20)によってまず求めて，これから式(1.17)によって電場を計算する．

これらの方法はすべて同等であるけれども，解くべき問題の性質によってはその方法に一長一短がある．e 項でも述べたように，本書では近接作用の立場をとるわけであるから，基礎方程式として採用するのは上の第 3 の方法で現われる式(1.15)と(1.18)である．

具体的な問題でこれら 4 つの方法を比較検討してみよう．半径 a の球殻上に電荷が面密度 σ で一様に分布しているものとして，球殻の内外での静電場を求める．球殻の全電荷は Q とする．

第 1 の方法では，球殻の微小部分からの寄与を Coulomb の法則に従って求め，それを全球面について積分する．図 1-10(a)の点 P の電場に対する，点 P′ のまわりの面素 dS からの寄与は

$$d\boldsymbol{E} = \frac{\sigma dS}{4\pi\varepsilon_0 r'}\frac{\boldsymbol{r}'}{r'}, \qquad dS = (ad\theta)(a\sin\theta d\phi)$$

で与えられる．これを θ, ϕ について積分すればよいのであるが，計算はあまり簡単でなく，この方法は賢い方法だとはいいがたい．

第 2 の方法では，Gauss の定理(式(1.9)および(1.12)参照)

$$\varepsilon_0\int_S \boldsymbol{E}\cdot d\boldsymbol{S} = \begin{cases} Q & (r>a) \\ 0 & (r<a) \end{cases}$$

を用いる．ここで，S は図 1-10(b)に示すように点 P を含む半径 r の球面であり，$Q=4\pi a^2\sigma$ である．問題の性質から，電場 $\boldsymbol{E}$ は原点のまわりに球対称であるから，$\boldsymbol{E}=E\boldsymbol{r}/r$ であり，したがって，$\boldsymbol{E}\cdot d\boldsymbol{S}=Er^2\sin\theta d\theta d\phi$ である．これから E は直ちに求まって，

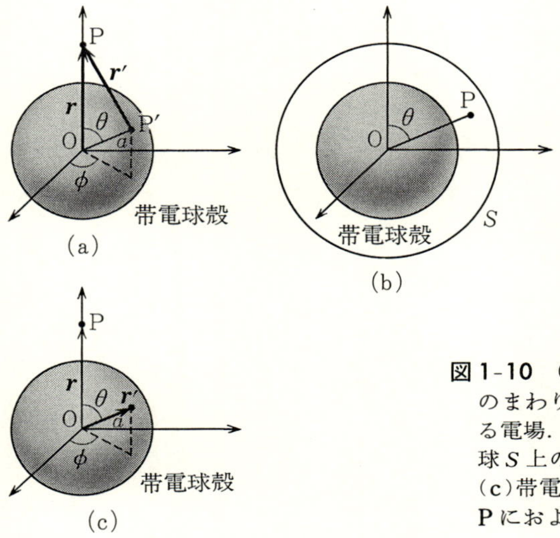

図 1-10 (a)帯電球殻上の点 P′ のまわりの面素が点 P につくる電場. (b)帯電球殻をつつむ球 S 上の 1 点 P における電場. (c)帯電球殻上の 1 点 $\boldsymbol{r}'$ が点 P におよぼす静電ポテンシャル.

$$
E = \begin{cases} \dfrac{Q}{4\pi\varepsilon_0 r^2} & (r>a) \\ 0 & (r<a) \end{cases}
$$

となる. すなわち, 球殻の外側では, 電場はあたかも原点に点電荷 Q があるかのようにみえ, 内側では, 電場はない.

第 3 の方法では, 式(1.15)を用いるが, 電荷密度 ρ は体積密度なので, いまの場合, 面密度 σ とは

$$
\rho = \sigma\delta(r-a)
$$

の関係にある. 極座標で $\mathrm{div}\,\boldsymbol{E}$ を書き表わし, 電場 $\boldsymbol{E}$ が球対称であるため r のみに依存し, θ, ϕ によらないことを使うと,

$$
\mathrm{div}\,\boldsymbol{E} = \frac{1}{r^2}\frac{\partial}{\partial r}(r^2 E)
$$

となる. そこで解くべき式は

$$
\frac{1}{r^2}\frac{\partial}{\partial r}(r^2 E) = \frac{\sigma}{\varepsilon_0}\delta(r-a)
$$

であるが，これを積分すれば，第2の方法と同じ結果を得る．

第4の方法では，先ず静電ポテンシャルϕを求め，それをもとにして電場$\boldsymbol{E}$を計算する．実際，上で与えたρの式を(1.19)式に代入して図1-10(c)のような極座標をとると

$$\phi(r)=\frac{1}{4\pi\varepsilon_0}\int_0^\infty r'^2\,dr'\int_0^\pi \sin\theta d\theta\int_0^{2\pi}d\phi\,\frac{\sigma\delta(r'-a)}{\sqrt{r^2+r'^2-2rr'\cos\theta}}$$

となる．ここで，r'積分とϕ積分は容易に遂行でき，さらにθ積分を行なうと

$$\phi(r)=\begin{cases}\dfrac{Q}{4\pi\varepsilon_0 r} & (r>a)\\[2ex] \dfrac{Q}{4\pi\varepsilon_0 a} & (r<a)\end{cases}$$

が得られる．これをrで微分すれば$\boldsymbol{E}$が求まる．

1-2 導体

内部で電荷が自由に移動できる物質を**導体**(conductor)という．これに対して電荷の移動を許さない物質を**不導体**といい，電荷の移動を絶つために使われるので**絶縁体**(insulator)ともいう．1-2節と1-3節では物質中での静電場を扱うが，この1-2節ではまず導体を考える．

a) 導体の性質

金属のような導体は，微視的に見れば，原子の近くに束縛されていない動きやすい電子(すなわち自由電子または伝導電子)を含んでいる．この自由電子の移動が導体の伝導性の原因である．金属は格子上に並んだ原子から成り，これらの原子から一部の電子が離れて，自由に飛び回っており，結晶格子上の原子は電子の一部を失ってプラスイオンとなっている．

導体を静電場中に置いたとしよう．この電場のために自由電子は力を受け，電場の向きと逆方向に動き始め，電流(電荷の流れ)が流れる．しかし最終的には，図1-11のように導体表面に電荷がたまった静電状態に落ちつく．静電状

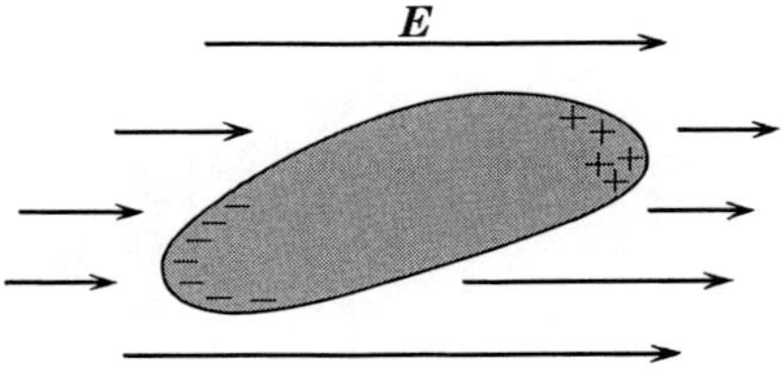

図 1-11 外部電場 $\boldsymbol{E}$ のもとにある導体．

態では導体中には電流があってはいけないのだから，電場は存在し得ない．電場が存在すればこれによって自由電子が移動し，必ず電流が流れる．実際，図 1-11 のような電荷分布によって，外部から加えられた電場とちょうど逆向きで大きさの等しい電場が発生し，導体内部ではこれらが打ち消しあって電場がゼロとなるのである．

導体内部での電気的状態について，次のようなことが分かる．

(1) 導体内では電場はゼロである．

(2) 導体内では(表面も含めて)電位は一定である．

［証明］ 電位 ϕ と電場 $\boldsymbol{E}$ との関係は式(1.21)で与えられる．いま，$\boldsymbol{E}=0$ なのだから，$\phi(\boldsymbol{r}_1)=\phi(\boldsymbol{r}_2)$．すなわち ϕ は場所によらず一定である．

(3) 導体内部には電荷は存在しない．

［証明］ 導体内の任意の閉曲面 S に対して，Gauss の定理(1.7)を適用する．いま，電場がゼロなのであるから，式(1.7)により電荷もゼロである．

(4) 導体表面では，電場は表面に垂直である．

［証明］ (2)により導体表面では電位は一定である．したがって，導体表面の接線方向についての ϕ の微分はゼロである．ところで，

$$\boldsymbol{E} = -\operatorname{grad}\phi$$

だから，$\boldsymbol{E}$ の接線方向の成分はゼロである．したがって電場は表面に垂直である．

(5) 導体表面にある電荷の面密度 σ は $\sigma=\varepsilon_0 E$ で与えられる．ただし E は表面での電場の大きさである．

［証明］ 表面を含む微小閉曲面を考え，そこで Gauss の定理を適用する．

微小閉曲面として，表面に垂直な円筒状曲面をとり，電場が表面に垂直であるということを考慮すると $\sigma S=\varepsilon_0 ES$ を得る．ただし，S はこの円筒の底面の面積である．

導体に電荷を与えると一様に帯電する．前節 g 項の例題における球面状電荷分布も球面状帯電導体であると考えることができる．帯電していない導体に電荷を近づけると，この電荷による電場のために導体表面に電荷が現われる．このように電荷を近づけることによって導体表面に電荷が現われる現象を静電誘導という．

b） 電気容量

帯電していない導体の電位をゼロととる．この導体に電荷 Q を与えたときの電位を ϕ とする．このとき，$C=Q/\phi$ を無限遠方に対する導体の**電気容量**(electric capacity)という．定義式から明らかなように，この C は，導体の電位を単位電位だけ上げるために無限遠方から運んでこなければならない電気量を意味する(図 1-12(a)参照)．

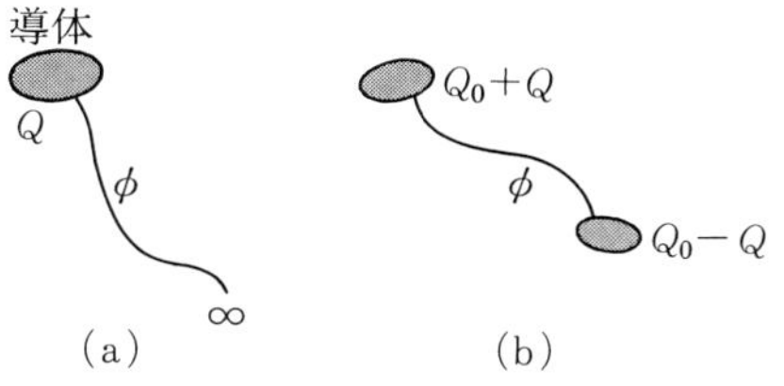

図 1-12　(a)無限遠方に対する導体の電気容量．(b)2 つの導体間の電気容量．

電気容量 C の単位はファラッド(farad，記号 F)である．F は $A^2 \cdot s^2/J$ に等しい．なぜなら

$$\mathrm{F}=\left[\frac{Q}{\phi}\right]=\frac{\mathrm{A \cdot s}}{\mathrm{J/A \cdot s}}=\frac{\mathrm{A^2 \cdot s^2}}{\mathrm{J}}$$

2 つの導体があって，図 1-12(b)のように，一方から他方へ電荷 Q を移したときに生じる 2 つの導体間の電位差を ϕ とするとき，

$$C=\frac{Q}{\phi} \tag{1.23}$$

を，2 つの導体間の電気容量という．

2つの導体を接近させ，その電気容量を利用して電荷を蓄えることができる．これはコンデンサーとよばれるものである．平行平面コンデンサーの電気容量を計算してみよう．平行平面コンデンサーというのは，面積 S の平面の導体2枚を間隔 d をへだてて平行に向き合わせたものである．この2枚の導体間に電位差 ϕ を与える．間隔 d は十分小さいとすると，図1-13に示すように電場はほとんど2枚の導体の間のみに生じ，すぐ前で示した理由により，導体に垂直な方向を向いている．

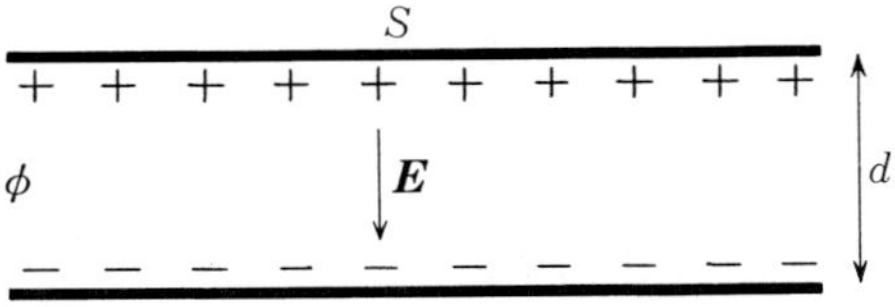

図1-13 平行平面コンデンサー．

$\boldsymbol{E}$ は一定だから

$$\phi = \int_0^d \boldsymbol{E} \cdot d\boldsymbol{r} = Ed$$

である．他方，すぐ前に述べたように，$|\sigma| = \varepsilon_0 E$ だから，これを上の式に代入して，$\sigma = \pm \varepsilon_0 \phi / d$ を得る．したがって，蓄えられた全電荷は

$$Q = \sigma S = \pm \frac{\varepsilon_0 \phi S}{d}$$

となる．定義に従って電気容量は

$$C = \frac{\varepsilon_0 S}{d} \tag{1.24}$$

である．すなわち，平行平面コンデンサーの電気容量は，導体の面積を大きくし，その間隔を狭めるほど大きくなるということが分かる．

1-3 誘電体

前節で述べたように，物質は導体と不導体に分かれる．不導体では，電子が原子や分子に束縛されていて，導体内の電子のように自由に動き回ることができ

ない．しかし，原子や分子の中では電子は動けるので，外部電場をかけたりすると電子はすこし変位し，物質全体としては電荷の偏り（すなわち電気分極）を起こす．物質の電気分極の原因としては，電子の変位によるものの他にも，イオンの変位や双極性分子の配向などによるものもある．不導体物質は，電流を流さないという性質に着目して不導体とよばれるわけであるが，電気分極を起こす点に着目したとき誘電体とよばれる．本節では，誘電体の中での静電場のふるまいについて考えることとする．

a）　電気分極

不導体を原子分子のレベルでながめると，Ne や He のような 1 原子分子から成るもの，N_2 や O_2 のような 2 原子分子から成るもの，巨大分子から成るもの，NaCl や HCl のように Na^+ イオン（H^+ イオン）と Cl^- イオンから成るものなど，いろいろである．これらの不導体を電場中に置くと，導体のときのように自由電子が表面に集まるということはないけれども，原子分子のレベルで見ると，わずかばかりの電気的な変位が起こっている．

例えば，1 つの原子内では，原子核はかけられた電場の方向にわずかに移動し，電子は電場と逆方向に偏ろうとする．しかし，このような変位が起こると，原子核から電子の方向に電場が発生して，この変位を打ち消そうとする．最終的には平衡点に達して，原子は電気的にわずかに偏った状態になる．このように，物質全体としては電気的に中性であっても，原子分子のレベルで電気的な偏りが起こっている．また，NaCl の場合などは，電場をかけることによって，Na^+ イオンと Cl^- イオンが互いに逆向きに変位し，やはり電気的な偏りを生じる．電場の下におかれた不導体物質の内部状態を，簡単化して図示すると，一般に図 1-14 のようになるだろう．

通常の状態では中性の不導体物質が，電場の下に置かれたとき，その内部で

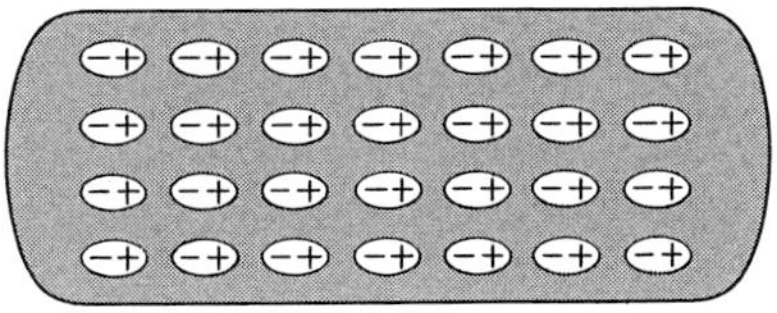

図 1-14　電場の下におかれた誘電体の内部状態．

電気的な変位を起こすことを**電気分極**(electric polarization)とよび，電気分極を起こすという意味で不導体物質を**誘電体**(dielectrics)とよんでいる．

外部電場を取り去れば，普通の物質では電気分極は消滅する．しかし，物質によっては，電気分極が残るものもある．これはちょうど強磁性体に磁場をかけたあと，磁場を取り除いても磁気が残るのに似ている．また，外部電場をかけなくても，自然の状態ですでに電気分極を起こしている物質も存在する．この性質を**自発分極**という．

物質の電気分極の基本的要素となっているのは，図1-14に示したように，微小距離だけ離れた大きさが等しくて逆符号の2つの電荷である．これは電気双極子とよばれるものである(これについては次項でくわしく述べる)．したがって，外部電場の下に置かれた誘電体の内部は，無数の微小な電気双極子の集まりとみなすことができる．

b) 分極ベクトル

大きさ Q で逆符号の2つの点電荷を距離 a だけ離して置いたとき，これを**電気双極子**(electric dipole)といい，

$$\boldsymbol{d} = Q\boldsymbol{a} \tag{1.25}$$

を**電気双極子モーメント**(electric dipole moment)という．ただし，$\boldsymbol{a}$ は電荷 $-Q$ から電荷 Q へ向かう位置ベクトルである．

微小な電気双極子がつくる電場を求めてみよう．そのためにまず電位(静電ポテンシャル) ϕ を求める．図1-15に示すように，双極子の中点から点Pに引いた位置ベクトルを $\boldsymbol{r}$，電荷 $-Q$ および Q から点Pへのベクトルをそれぞれ $\boldsymbol{r}_-$ および $\boldsymbol{r}_+$ とすると，点Pでの静電ポテンシャル ϕ は

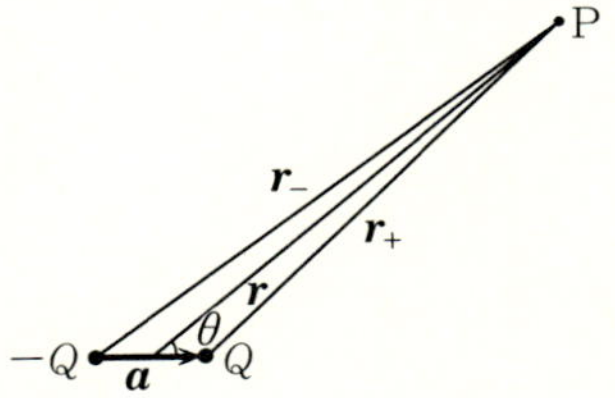

図1-15 微小な電気双極子が点Pにおよぼす静電ポテンシャル．

$$\phi = \frac{Q}{4\pi\varepsilon_0}\left(\frac{1}{r_+} - \frac{1}{r_-}\right) \tag{1.26}$$

である．ここで

$$r_\pm = \sqrt{r^2 + (a/2)^2 \mp ar\cos\theta}$$

である．点 P は十分遠方にあるから，$a/r \ll 1$ として a/r で展開してやると

$$\frac{1}{r_\pm} = \frac{1}{r}\left[1 \pm \frac{a}{2r}\cos\theta + \frac{1}{2}(3\cos^2\theta - 1)\left(\frac{a}{2r}\right)^2 + \cdots\right]$$

だから，結局

$$\begin{aligned}\phi &= \frac{Qa\cos\theta}{4\pi\varepsilon_0 r^2} + O\left(\frac{a^3}{r^4}\right) \\ &= \frac{\boldsymbol{d}\cdot\boldsymbol{r}}{4\pi\varepsilon_0 r^3} + O\left(\frac{a^3}{r^4}\right)\end{aligned} \tag{1.27}$$

となる．ただし，$O(a^3/r^4)$ は，式(1.27)の右辺の残りの項が a^3/r^4 の程度の大きさかそれ以下であることを示す記号である．電場は式(1.27)の grad から求まる．2 次元の極座標表示では，a^3/r^4 以上の項を無視すれば

$$\begin{aligned}E_r &= -\frac{\partial\phi}{\partial r} = \frac{2d\cos\theta}{4\pi\varepsilon_0 r^3} \\ E_\theta &= -\frac{1}{r}\frac{\partial\phi}{\partial\theta} = \frac{d\sin\theta}{4\pi\varepsilon_0 r^3}\end{aligned} \tag{1.28}$$

この電場を図で示すと図 1-16 のようになる．

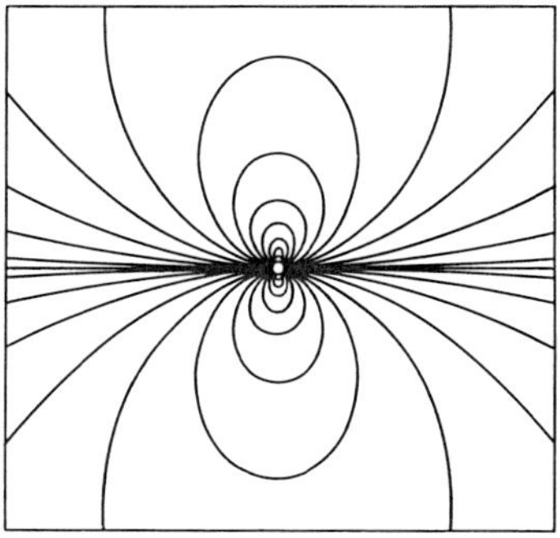

図 1-16 微小な電気双極子による電場の電気力線．

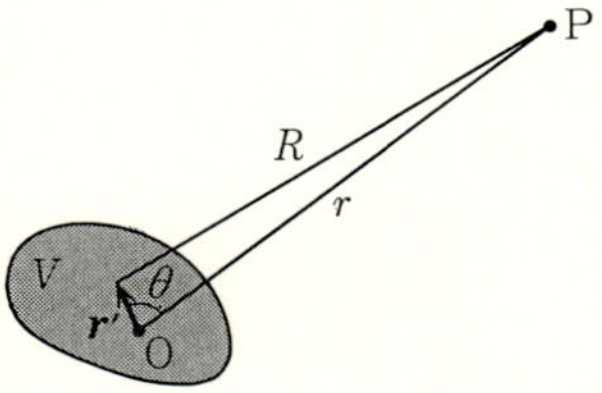

図 1-17 領域 V をしめる誘電体による点 P での静電ポテンシャル.

図 1-17 に示すように，誘電体が領域 V を占めているとし，これから十分離れた点 P とこの物質との間の電位差(静電ポテンシャル)を ϕ とする．ポテンシャル ϕ は物質中の電気双極子によるものとすると，式(1.27)にもとづいて

$$\phi = \int_V dv' \frac{\rho(\boldsymbol{r}')\boldsymbol{r}'\cdot\boldsymbol{R}}{4\pi\varepsilon_0 R^3} \tag{1.29}$$

で与えられる．ただし，$\rho(\boldsymbol{r}')$ は領域 V の点 $\boldsymbol{r}'$ における電荷密度である．いま，点 P は十分遠方にあるとすると $r'/r \ll 1$ であるから，式(1.29)は，たいへんよい近似で

$$\phi = \frac{1}{4\pi\varepsilon_0 r^2}\int_V dv' \rho(\boldsymbol{r}') r' \cos\theta \tag{1.30}$$

と書くことができる．

式(1.30)は，よくみると，領域 V に密度 $\rho(\boldsymbol{r}')$ の電荷分布があるときの点 P での静電ポテンシャル ϕ を，多重極展開したときに出てくる項である．実際，式(1.19)の被積分関数で r'/r のベキ展開を行なうと，

$$\phi = \frac{1}{4\pi\varepsilon_0 r}\int dv' \rho(\boldsymbol{r}')\left[1+\frac{r'\cos\theta}{r}+\frac{1}{2}(3\cos^2\theta-1)\left(\frac{r'}{r}\right)^2+\cdots\right] \tag{1.31}$$

となり，この第 2 項が式(1.30)である．式(1.31)の右辺第 1 項を単極子項，第 2 項を双極子項，第 3 項を 4 重極子項，… という．領域 V をしめる物質が誘電体であれば全電荷はないのだから，単極子項はゼロで，双極子項から始まることになる．

さて，外部電場の下にある誘電体は，微小な電気双極子の集合体であるとみなすことができる．これらの電気双極子のモーメントはどれも同じ大きさで方向も同じであるとしよう．そのような電気双極子が単位体積あたり N 個ある

とし，電気双極子モーメントを $\boldsymbol{d}$ とする．このとき

$$\boldsymbol{P} = N\boldsymbol{d} \tag{1.32}$$

を**分極ベクトル**(electric polarization vector)という．分極ベクトルの大きさ P は，電気分極した誘電体の分極の方向に垂直な断面の単位断面積を，分極によってよぎった電気量に等しい．したがって，分極ベクトルの単位は $\mathrm{C/m^2}$ である．

等方性の誘電体に対しては，分極ベクトル $\boldsymbol{P}$ の向きは加えた電場 $\boldsymbol{E}$ の方向に一致し，電場が弱ければ電場 $\boldsymbol{E}$ に比例することが知られている．

$$\boldsymbol{P} = \chi\boldsymbol{E} \tag{1.33}$$

もちろん，これはあまり強くない電場に対する実験的な事実であって，電場が非常に強い場合は，式(1.33)のような線形の関係がこわれて，E の高次の項がきくようになる．すなわち，χ が E の関数になる．非等方性の誘電体では，$\boldsymbol{P}$ の方向と $\boldsymbol{E}$ の方向とは必ずしも一致しなくて，χ は行列(2階のテンソル)となる．この場合についてはe項でもうすこし詳しく論ずることにする．

式(1.33)に現われる比例定数 χ は，**電気感受率**(electric susceptibility)とよばれる．χ の単位は，$\boldsymbol{P}$ と $\boldsymbol{E}$ の単位から決まる．$[P]=\mathrm{C/m^2}$ であり $[E]=\mathrm{V/m}$ であるから，$[\chi]=\mathrm{C/(V\cdot m)}=\mathrm{F/m}$ である．ところで，真空中の Coulomb の法則で出てきた定数 ε_0 の単位は，Coulomb 場の式(1.6)を考慮し，$[E]=\mathrm{V/m}$ に注意すれば $\mathrm{C/(V\cdot m)}$ であることが分かる．これは $\mathrm{F/m}$ であり，χ の単位と一致する．だから χ/ε_0 は無次元量である．ここで

$$\bar{\chi} = \frac{\chi}{\varepsilon_0} \tag{1.34}$$

を**比電気感受率**とよぶ．式(1.33)は物質に強く依存した式であるから，比例定数 χ も，物質によってその値が異なる．等方で均質な物質では，χ は場所によらず一定であるが，不均質な物質では，χ は物質中の場所によって異なる．

誘電体が自発分極を示し，電場によってその分極の向きが反転するとき，その誘電体は強誘電性をもつという．温度や圧力などを変えたとき，そのどこかで誘電体が強誘電性を示す場合，この誘電体は**強誘電体**(ferroelectrics)とよ

ばれる．強誘電体には，比電気感受率の大きいものが多い．

c）電気変位と Gauss の定理

外部電場の下に置かれた誘電体は，図 1-14 に示すように，微小な電気双極子の集まりとみなすことができる．誘電体が均質で，分極ベクトル $\boldsymbol{P}$ が場所によって変わらなければ，誘電体内部ではこれらの電気双極子のもつ電荷は完全に打ち消しあって，外から観測することはできない．しかし，表面部分には正負の電荷がそれぞれ等量取り残されて観測にかかることになる．また，誘電体が均質でなくて，分極ベクトル $\boldsymbol{P}$ が場所によって変わる場合は，誘電体内部でも正負の電荷が偏って観測にかかるようになる．この場合ももちろん表面にも取り残された電荷が観測される．

いずれにせよ，誘電体は全体としては電気的に中性であるにもかかわらず，それが外部電場の下に置かれると，その表面や内部に電気分極にもとづく電荷が現われる．このような電気分極に由来する電荷を**分極電荷**（polarization electric charge）とよぶ．

分極電荷が現われる様子を，もっと数学的にすっきりした形で示そう．

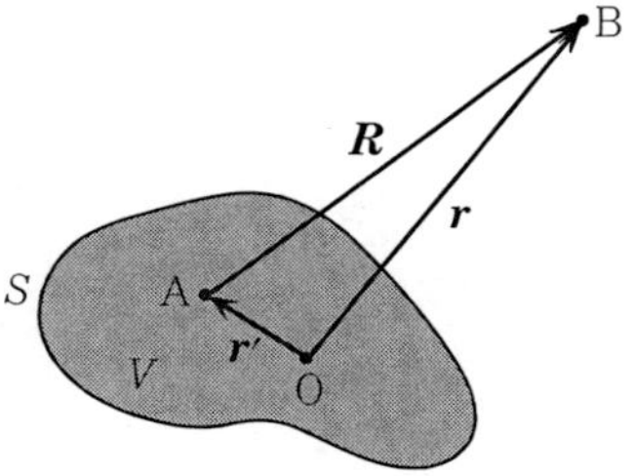

図 1-18 誘電体による点 B での静電ポテンシャル．

図 1-18 に示したように，誘電体内のある点 A（座標を $\boldsymbol{r}'$ とする）から距離 $R=|\boldsymbol{r}-\boldsymbol{r}'|$ だけ離れた点 B（座標を $\boldsymbol{r}$ とする）における電位（静電ポテンシャル）ϕ を求める．誘電体は，単位体積あたりの電気双極子モーメントが $\boldsymbol{P}$ であるような微小な電気双極子の集まりとみなせる．そこで，誘電体の微小体積 dv' の電気双極子モーメントは $\boldsymbol{P}dv'$ であり，この部分に対する点 B の電位は式（1.27）で与えられ，

$$d\phi = \frac{dv'\boldsymbol{P}\cdot\boldsymbol{R}}{4\pi\varepsilon_0 R^3}$$

である．ただし，ここで $\boldsymbol{R}=\boldsymbol{r}-\boldsymbol{r}'$ である．したがって，誘電体全体に対して点Bの電位は

$$\phi = \frac{1}{4\pi\varepsilon_0}\int_V dv'\frac{\boldsymbol{P}\cdot\boldsymbol{R}}{R^3} \tag{1.35}$$

で与えられる．式(1.35)において，公式

$$\frac{\boldsymbol{R}}{R^3} = -\mathrm{grad}\,\frac{1}{R} = \mathrm{grad}'\,\frac{1}{R}$$

(grad は $\boldsymbol{r}$ に関する微分，grad′ は $\boldsymbol{r}'$ に関する微分)に注意し，さらに公式

$$\boldsymbol{P}\cdot\mathrm{grad}'\,\frac{1}{R} = \mathrm{div}'\left(\frac{1}{R}\boldsymbol{P}\right)-\frac{1}{R}\,\mathrm{div}'\,\boldsymbol{P}$$

を用いると，

$$\phi = \frac{1}{4\pi\varepsilon_0}\int_S \frac{\boldsymbol{P}\cdot d\boldsymbol{S}}{R}-\frac{1}{4\pi\varepsilon_0}\int_V \frac{\mathrm{div}'\,\boldsymbol{P}}{R}dv' \tag{1.36}$$

となる．ただし，V は誘電体のしめる領域，S は誘電体の表面をあらわす．また，式(1.36)の右辺第1項で Gauss の定理を使った．

この式が表わす物理的意味は明らかである．すなわち，式(1.36)において，右辺第1項は，誘電体の表面にある面電荷密度 P_n(n は $d\boldsymbol{S}$ 方向を表わす)の分極電荷による点Bでの Coulomb ポテンシャルであり，第2項は，誘電体内の電荷密度 $-\mathrm{div}'\,\boldsymbol{P}$ の分極電荷による点Bでの Coulomb ポテンシャルである．だから，外部電場の下にある誘電体は，領域 V の表面に密度 P_n，内部に密度 $-\mathrm{div}'\,\boldsymbol{P}$ の電荷分布をもった電荷の集合体と考えてもよい．P_n が分極電荷の面密度とみなせるということは，式(1.32)のすぐ下で述べた事実と一致している．また，誘電体が均質で，$\boldsymbol{P}$ が誘電体の内部で変わらなければ，$\mathrm{div}'\,\boldsymbol{P}=0$ であり，誘電体の内部には分極電荷はない．そこで，分極電荷 ρ_p を

$$\rho_\mathrm{p} = -\mathrm{div}\,\boldsymbol{P} \tag{1.37}$$

と書くことにする．

さて，誘電体中の1点を考える．外部電場 $\boldsymbol{E}_{\mathrm{e}}$ の下にある誘電体内部は，真空中の電荷分布 ρ_{p} と同等だから，誘電体中の電場 $\boldsymbol{E}$ に対して Gauss の定理(の微分形)を書くと

$$\varepsilon_0 \operatorname{div} \boldsymbol{E} = \rho + \rho_{\mathrm{p}} \tag{1.38}$$

である．なぜなら，誘電体の中では，あらかじめ与えられていた電荷 ρ(もしあれば)の他に，分極電荷 ρ_{p} が生じているのだから，この両者の寄与を考えなければならないのである．式(1.37)を式(1.38)に代入すると

$$\operatorname{div}(\varepsilon_0 \boldsymbol{E} + \boldsymbol{P}) = \rho$$

を得る．すなわち，

$$\boldsymbol{D} \equiv \varepsilon_0 \boldsymbol{E} + \boldsymbol{P} \tag{1.39}$$

で定義される量 $\boldsymbol{D}$ は，あらかじめ与えられていた電荷 ρ（これを**真電荷**という）のみによって決まる電場のようなもので，分極電荷には無関係である．この $\boldsymbol{D}$ を**電気変位**(electric displacement)という．**電束密度**(electric flux)とよぶこともあるが，これは本書では用いない．電気変位 $\boldsymbol{D}$ の単位は分極ベクトル $\boldsymbol{P}$ のそれと同じで $\mathrm{C/m^2}$ である．

結局，誘電体中での Gauss の定理は

$$\operatorname{div} \boldsymbol{D} = \rho \tag{1.40}$$

と表わすことができる．これは Gauss の定理の微分形であるが，積分形に直すと

$$\int_S \boldsymbol{D} \cdot d\boldsymbol{S} = Q \tag{1.41}$$

となる．ここで，S は誘電体中の閉曲面であり，Q は S の内部にある全電荷である．

Coulomb 場 $\boldsymbol{E}$ は，式(1.18)で与えられるように，渦なしの場である．電気変位 $\boldsymbol{D}$ に対してはどうであろうか．そこで，$\boldsymbol{D}$ の回転を考えてみると

$$\operatorname{rot} \boldsymbol{D} = \varepsilon_0 \operatorname{rot} \boldsymbol{E} + \operatorname{rot} \boldsymbol{P} = \operatorname{rot} \boldsymbol{P}$$

であり，これは一般にはゼロではない．だから，$\boldsymbol{E}$ に対する静電ポテンシャル ϕ のようなものは，$\boldsymbol{D}$ に対しては定義することはできない．そのようなわ

けで，基礎方程式としては，この式よりは，式(1.18)を採用したほうが都合がよい．誘電体中での基礎方程式は(1.18)と(1.40)ということになる．

外部電場 $\boldsymbol{E}$ があまり大きくない場合は，前に式(1.33)で示したように，分極ベクトル $\boldsymbol{P}$ は $\boldsymbol{E}$ に比例する．比例定数 χ は，等方均質な媒質では定数であり，等方不均質な媒質では考えている点の座標に依存する．非等方な(異方性の)媒質では，χ は行列となる．式(1.33)を式(1.39)に代入すると，

$$\boldsymbol{D} = \varepsilon \boldsymbol{E}, \qquad \varepsilon = \varepsilon_0 + \chi \tag{1.42}$$

を得る．このとき，ε を**誘電率**(permittivity または dielectric constant)という．また，無次元量

$$\bar{\varepsilon} = \frac{\varepsilon}{\varepsilon_0} = 1 + \bar{\chi} \tag{1.43}$$

を**比誘電率**という．誘電率 ε の単位は電気感受率 χ の単位と同じで，F/m である．

前に ε_0 のことを真空の誘電率とよんだが，その理由はいまや明らかであろう．真空では χ はゼロであり，$\varepsilon = \varepsilon_0$ である．真空を，あたかも誘電率が ε_0 の媒質であるかのように考えることができる．

電気感受率 χ は，前にも述べたように，物質によって値が異なるものである．したがって，誘電率ないしは比誘電率も物質に依存した量である．物質が等方均質であれば，これらの量は場所によらない一定値である．例えば，比誘電率は，常温での空気に対しては 1.0006，水に対しては 80.4，ナイロンに対しては 5.0～14.0 である．

d) 電位と Coulomb の法則

1-1 節の f 項で述べたように Coulomb 場 $\boldsymbol{E}$ に対して式(1.17)によって電位または静電ポテンシャル ϕ を定義することができる．いま，等方均質な物質を考えると式(1.42)が成り立つのだから，

$$\boldsymbol{D} = -\varepsilon \operatorname{grad} \phi \tag{1.44}$$

が得られる．式(1.44)を式(1.40)に代入し，式(1.20)を導いたときと同じ計算をすれば

$$\Delta\phi = -\frac{\rho}{\varepsilon} \tag{1.45}$$

を得る．これは，誘電体中での Poisson 方程式である．

式(1.45)から分かるように，誘電体中でのポテンシャル ϕ は，真空中での式で ε_0 を ε と置き換えた式の解を，適当な境界条件の下に求めればよいことが分かる．得られた ϕ を式(1.44)に代入すれば，電気変位 $\boldsymbol{D}$ が求まる．

さて，真空中では，点電荷に対する Coulomb 場の式は式(1.6)で与えられたが，誘電体中ではどうなるであろうか．そこで，Gauss の定理の積分形(1.41)を考え，閉曲面 S として，点電荷 Q をかこむ半径 $\boldsymbol{r}$ の球面をとる．球対称性から，球面 S 上では電気変位 $\boldsymbol{D}$ の大きさは一定であるから，式(1.41)の左辺は

$$D\times 4\pi r^2$$

となる．したがって，

$$\boldsymbol{D} = \frac{Q}{4\pi r^2}\frac{\boldsymbol{r}}{r} \tag{1.46}$$

を得る．式(1.42)により，電場は

$$\boldsymbol{E} = \frac{Q}{4\pi\varepsilon r^2}\frac{\boldsymbol{r}}{r} \tag{1.47}$$

となる．すなわち，真空中の場合の ε_0 を単に ε で置き換えたものになっている．だから，等方均質な誘電体の中での点電荷 Q_1 と Q_2 の間にはたらく Coulomb 力は

$$\boldsymbol{F} = \frac{Q_1 Q_2}{4\pi\varepsilon r^2}\frac{\boldsymbol{r}}{r} \tag{1.48}$$

で与えられる．

e）異方性誘電体

これまで，媒質中のどの方向をとってもその分極が同じであるような，等方性の誘電体だけを考えてきた．このような誘電体では，分極ベクトル $\boldsymbol{P}$ は，式(1.33)で与えられるように，外から加えた電場 $\boldsymbol{E}$ に比例する．すなわち，こ

の式を成分で書くと

$$P_x = \chi E_x, \quad P_y = \chi E_y, \quad P_z = \chi E_z \tag{1.49}$$

物質によっては，分極のしかたが方向によって異なる場合がある．電気石やRochelle塩などはその例である．このような誘電体は異方性(非等方性)の誘電体とよばれる．異方性誘電体では，かけた外部電場の方向によって分極が違っており，式(1.49)の電気感受率 χ が，x, y, z の方向ごとに違った値をとる．したがって，式(1.49)は

$$P_x = \chi_x E_x, \quad P_y = \chi_y E_y, \quad P_z = \chi_z E_z \tag{1.50}$$

のように変えなければならない．もっと一般に，異方性誘電体では，分極ベクトルの向きが，かけた電場の方向を向くとはかぎらない．すなわち，式(1.50)はごく特殊な場合しか適用できなくて，一般には

$$\begin{aligned} P_x &= \chi_{xx}E_x+\chi_{xy}E_y+\chi_{xz}E_z \\ P_y &= \chi_{yx}E_x+\chi_{yy}E_y+\chi_{yz}E_z \\ P_z &= \chi_{zx}E_x+\chi_{zy}E_y+\chi_{zz}E_z \end{aligned} \tag{1.51}$$

となる．ここで，電気感受率は一般に9個 $\chi_{xx}, \chi_{xy}, \chi_{xz}, \chi_{yx}, \cdots$ 現われるが，これらを行列

$$\chi = \begin{pmatrix} \chi_{xx} & \chi_{xy} & \chi_{xz} \\ \chi_{yx} & \chi_{yy} & \chi_{yz} \\ \chi_{zx} & \chi_{zy} & \chi_{zz} \end{pmatrix} \tag{1.52}$$

の各成分とみなせば，式(1.51)は，行列の算法を用いて

$$\boldsymbol{P} = \chi \boldsymbol{E} \tag{1.53}$$

と書き表わすことができる．電気感受率 χ の各成分は，もちろん物質ごとに違っているので，測定によって決めなければならない．電気変位 $\boldsymbol{D}$ は

$$\boldsymbol{D} = \varepsilon \boldsymbol{E}, \quad \varepsilon = \varepsilon_0+\chi \tag{1.54}$$

と書くことができ，誘電率 ε も行列となる．

強誘電体は，自発分極のために異方性を示す．式(1.53)は強誘電体に対しては

$$\boldsymbol{P} = \chi \boldsymbol{E}+\boldsymbol{P}_0$$

と変えなければならない．ここで，$\boldsymbol{P}_0$は自発分極を表わすベクトルである．強誘電体物質としては，Rochelle 塩の一族，リン酸二水素カリウムのような水素結合をもつ結晶の一族，チタン酸バリウムのようなペロブスカイト構造をもつ結晶の一族，などがよく知られている．

1-4 静電エネルギー

空間のある点の電場が $\boldsymbol{E}$ であるとすると，この点に電荷 Q を置いたとき，この電荷には力 $Q\boldsymbol{E}$ がはたらく．だから，この点には電荷に対してある一定の量の仕事をする能力が蓄えられていると考えることができる．すなわち，この点には，静電場にもとづくエネルギーがあるとみなせる．この節では，このような静電場によるエネルギー，すなわち静電エネルギーの式を求めてみよう．

まず，具体的な例として，平行平面コンデンサー(図 1-13)を考えてみよう．いま，微小電荷 dQ を図 1-13 の下面から上面へ運んだとすると，このときの仕事量 dU は

$$dU = \phi dQ \tag{1.55}$$

と与えられる．なぜなら，単位電荷を下面から上面へ運んだときの仕事量が電位差 ϕ なのだから，上の式は明らかであろう．

このコンデンサーの上面の電荷がゼロの状態から，電荷が Q の状態になるまでになされた全仕事量を，コンデンサーに蓄えられているエネルギー U だと考えると，それは

$$U = \int_0^Q \phi dQ \tag{1.56}$$

で与えられる．この U を**静電エネルギー**とよぶ．コンデンサーの電気容量を C とすると

$$C\phi = Q, \qquad C = \frac{\varepsilon_0 S}{d}$$

であるから，式(1.56)から

$$U = \frac{1}{2}\frac{Q^2}{C} = \frac{1}{2}C\phi^2 = \frac{1}{2}Q\phi \tag{1.57}$$

を得る．

1-2 節 b 項で示したように，極板ではさまれた空間での電場 $\boldsymbol{E}$ は一定で，その大きさは $E=\phi/d$ で与えられる．したがって，式(1.57)により

$$U = \frac{1}{2}\varepsilon_0 SdE^2 \tag{1.58}$$

が得られる．式(1.58)において，Sd はコンデンサーの極板ではさまれた空間の体積になっている．この空間内で電場 $\boldsymbol{E}$ は一定なのだから，U/Sd はこの空間の単位体積あたりのエネルギーという意味をもっている．すなわち，極板にはさまれた空間の電場は，単位体積あたり

$$u = \frac{U}{Sd} = \frac{1}{2}\varepsilon_0 E^2 \tag{1.59}$$

だけのエネルギーをもっていると考えることができる．そこで，上の式で与えられる u を**静電エネルギー密度**という．

上の議論は，コンデンサーの極板の間が誘電率 ε の誘電体で満たされている場合にも適用できる．この場合，式(1.59)は

$$u = \frac{1}{2}\varepsilon E^2 = \frac{1}{2}DE \tag{1.60}$$

となる．

もともと，U はコンデンサーに蓄えられたエネルギーとして定義したのであるが，上でみたように見方を変えれば，極板の間の空間に蓄えられたエネルギーとみることもできる．この考え方は，コンデンサーの場合に限らず，もっと一般の場合に適用することができる．

誘電率 ε の一様等方媒質中に，電荷が密度 ρ で分布しているとしよう．微小体積 dv 内では電場 $\boldsymbol{E}$ は一定であると考えることができるから，この部分に対応する静電エネルギー dU は，コンデンサーの場合と同じ式(1.57)を使うことができて

$$dU = \frac{1}{2}(\rho dv)\phi \tag{1.61}$$

となる．これを全空間で積分して

$$U = \frac{1}{2}\int \rho\phi dv \tag{1.62}$$

ここで，静電場の基礎方程式(1.40)を用いると $\rho = \mathrm{div}\,\boldsymbol{D}$ であるから

$$U = \frac{1}{2}\int \phi\,\mathrm{div}\,\boldsymbol{D} dv \tag{1.63}$$

を得る．しかるに

$$\phi\,\mathrm{div}\,\boldsymbol{D} = \mathrm{div}(\phi\boldsymbol{D}) - \boldsymbol{D}\cdot\mathrm{grad}\,\phi \tag{1.64}$$

であるから

$$U = -\frac{1}{2}\int \boldsymbol{D}\cdot\mathrm{grad}\,\phi dv = \frac{1}{2}\int \boldsymbol{D}\cdot\boldsymbol{E} dv \tag{1.65}$$

が得られる．ここで Gauss の発散定理により

$$\int_V \mathrm{div}(\phi\boldsymbol{D})dv = \int_S \phi\boldsymbol{D}\cdot d\boldsymbol{S} = 0 \tag{1.66}$$

であることを使った．ただし，V は全空間を表わし，S は無限に大きい球面を表わす．また，無限遠方では，$\phi\boldsymbol{D}$ は十分速く減少するものとした．(厳密には，まず，領域 V もその表面 S も有限であるとし，次に V の大きさを大きくしてゆく．それとともに，関数 $\phi\boldsymbol{D}$ は十分速く減少し，ゼロに近づくものとする．)

式(1.65)から，静電エネルギー密度 u は

$$u = \frac{1}{2}\boldsymbol{D}\cdot\boldsymbol{E} \tag{1.67}$$

となることがわかる．いまは一様等方な媒質を考えているから $\boldsymbol{D} = \varepsilon\boldsymbol{E}$ で

$$u = \frac{1}{2}\varepsilon E^2 \tag{1.68}$$

となる．

2 静磁気現象

静止した磁石によって引き起こされる物理現象を静磁気現象とよぶ．定常電流によって発生する磁場による現象も静磁気現象と考えられるが，これは動電気現象の一部と考え，第3章で取り扱うこととする．静磁気現象は，静電気現象と非常に似たところが多いのにもかかわらず，両者には根本的な違いがある．電荷が単独で存在するのに対して，磁荷は双極子のかたちでしか存在し得ない．この根本的な違いのために，磁場を記述する基礎方程式は，電場のそれとすこし異なった形をとる．

2-1 静磁場

この節では，静止した磁石による真空中での磁気現象について考察する．真空中の静磁場は，磁荷が単独で存在しない(磁気単極子がない)という点を除けば，静電場と全く同じである．

a) Coulomb の法則

磁石が鉄などを引きつける性質をもっていることはよく知られている事実である．鉄を引きつける性質をもつのは磁石の両端だけであり，この部分を**磁極**とよぶ．また，地球には磁気的な性質があり，小磁石を水平に空中につるすと，磁極の一方はほぼ地球の北極を向き，もう一方はほぼ南極を向くということもよく知られている．磁極のうち地球の北極(north pole)のほうを向くものをN極といい，南極(south pole)のほうを向くものをS極という．磁石のN極どうし，S極どうしは反発しあい，N極とS極は引き合う．磁極が互いに反発しあったり，引きあったりする力の強さは，すぐ後で示すように，Coulombの法則で与えられる．磁極そのものの強さを表わすために，電荷との類推にもとづいて，**磁荷**(magnetic charge)という量が導入される．

磁気的作用において，磁極というものが存在し，それがものを引きつけ，また，同種の磁極どうしは反発し，異種の磁極間では引力がはたらくということは，電気的作用における電荷のはたらきと大変よく似ている．しかも，後に示すように，磁荷の間にはたらく力もCoulombの法則に従うのであるから，静磁気現象は静電気現象と全く同じ法則に従っているのではないかと思われる．

しかしながら，この類推は必ずしも正しいとはいえない．静磁気現象と静電気現象とでは，決定的な違いが1つだけ存在する．それは，電荷はプラスもマイナスも単独で存在できるのに対して，磁荷はN極とS極が対となってしか存在できない，ということである．実際，磁石のN極を単独で取り出そうと思って，どんなに細かく磁石を切り刻んでも，やはりN極とS極が対になった小さな磁石が得られるだけである．このため，静磁気現象を表わす基礎方程式は，静電気現象を表わす基礎方程式とはすこし違ったものとなる．

磁石は必ずN極とS極の対からなり，磁気双極子の形になっている．N極だけ，あるいは，S極だけ，といった磁荷は存在しない．N極だけ，S極だけ，の単独の磁荷を，(もしあるとすれば)**磁気単極子**(magnetic monopole)とよぶ．磁気単極子が自然界に見あたらないということは，つまるところ，磁気単極子をもった素粒子がないということに相当する．電荷の場合は，プラスやマイナスの電荷をもった(電子や陽子のような)素粒子が存在したので，プラスやマイナスの電荷を単独で取り出し，かつ溜めることができたのである．また，磁気単極子がないのであるから，静電気の場合の導体中の自由電子のようなものもない．したがって，磁気的な導体というものも存在しないし，電流に相当する磁流も存在しない．

しかし，磁気単極子が存在してはならないという理論的根拠は全くないので，注意深い実験によって磁気単極子が自然界に見出されるという可能性がないわけではない．実際，素粒子のある種の統一理論によれば，磁気単極子をもった重い素粒子の存在が予言される．磁気単極子をもった素粒子を見出そうとする実験が数多く試みられているが，現在のところ，肯定的な結果は出ていない．本書では，磁気単極子は自然界には存在しないという仮定のもとに，電磁気の理論を構成してゆく．

磁気単極子が存在しないのであるから，電荷の場合のようにして，2つの単独の磁荷の間の Coulomb の法則を実験的に得ることは不可能である．しかし，十分に細長い磁石の一方の磁極の近くで実験を行なえば，もう一方の磁極の影響はほとんどないと考えられるから，実際問題として単独の磁極による力に対する情報を得ることができるであろう．真空中でこのような実験を行なうことによって，磁荷 Q_m と Q_m' を距離 r だけ離したとき，この間にはたらく力は

$$\boldsymbol{F} = \frac{Q_m Q_m'}{4\pi\mu_0 r^2}\frac{\boldsymbol{r}}{r} \tag{2.1}$$

で与えられることがわかった．ここで，μ_0 は定数で真空の**透磁率**(magnetic permeability)とよばれる．この式は，静電気の場合の式で ε_0 を μ_0 で置き換え，電荷 Q を磁荷 Q_m で置き換えたものになっている．式(2.1)を静磁気に対する **Coulomb の法則**という．

磁荷 Q_m の符号は，N 極が + で S 極が − と約束することとする．磁荷 Q_m を測る単位は，MKSA 単位系では Wb(weber)である．この単位の定義を与えるためには，磁場の単位の定義が必要となり，このためにはさらに電流の単位の定義が必要となる．したがって，磁気的諸量の単位については，第3章で考えることとして，それまでは単位のことはおあずけということにしよう．

b) 磁場と磁位

1-1 節 c 項で述べたように，単位電荷にはたらく静電気力が静電場である．静

磁気力についても同様にして**磁場**(magnetic field)を定義することができる．すなわち，単位磁荷にはたらく静磁気力をもって静磁場と定義する．したがって，磁場 $\boldsymbol{H}$ の下にある磁荷 Q_m' にはたらく力 $\boldsymbol{F}$ は

$$\boldsymbol{F} = Q_\mathrm{m}'\boldsymbol{H} \tag{2.2}$$

である．また，Coulomb の法則(2.1)により，磁荷 Q_m から距離 $\boldsymbol{r}$ のところでの磁場 $\boldsymbol{H}$ は次式で与えられる．

$$\boldsymbol{H} = \frac{Q_\mathrm{m}}{4\pi\mu_0 r^2}\frac{\boldsymbol{r}}{r} \tag{2.3}$$

式(2.3)をみると，静電場のときと全く同じようにして，一見 Gauss の定理が得られるように思える．しかし，電気の場合と違って，こんどは磁極が単独で存在するわけではなくて，考えている磁極(たとえば N 極とする)は必ずもう一方の磁極(S 極)とつながっており，N 極のみをかこむ閉曲面というものをとることができない．したがって，式(1.7)のような形の Gauss の定理は，磁場に対しては成り立たない．磁場に対する正しい Gauss の定理については，2-2 節 b 項で考察することにする．

式(2.3)から直接計算によってすぐにわかることであるが，磁荷 Q_m による静磁場も，静電場の場合と同様

$$\boldsymbol{H} = -\mathrm{grad}\,\phi_\mathrm{m}, \qquad \phi_\mathrm{m} = \frac{Q_\mathrm{m}}{4\pi\mu_0 r} \tag{2.4}$$

と書くことができる．ここで ϕ_m は**磁位**(magnetic potential)とよばれる．ベクトル解析の恒等式 rot grad＝0 に注意すると，静電場のときと同様

$$\mathrm{rot}\,\boldsymbol{H} = 0 \tag{2.5}$$

を得る．式(2.4)と(2.5)は，1 つの磁荷による静磁場に対して導かれたものであるけれども，もっと一般の磁荷分布についてもこれらが成り立つことは，1-1 節で静電場の場合に示したようにして，容易に確かめることができる．したがって，式(2.4)と(2.5)は，静磁場に対する一般的な式であると考えてよい．

$\boldsymbol{H}$ から逆に ϕ_m を求める式は，式(2.4)を利用して，導くことができる．計算は静電場の場合と全く同じであるから，結果のみを書くことにする．

$$\phi_{\mathrm{m}}(\boldsymbol{r}_1) - \phi_{\mathrm{m}}(\boldsymbol{r}_2) = \int_{P_1}^{P_2} \boldsymbol{H} \cdot d\boldsymbol{r} \tag{2.6}$$

式(2.6)で，$\boldsymbol{r}_1$ ($\boldsymbol{r}_2$) は点 P_1 (P_2) の位置ベクトルである.

磁位という量は，静磁場の複雑な応用問題を解いたり，磁場をより簡単な形で表わしたりする場合には，たいへん有用な物理量であるが，電磁場の基礎方程式を考えるという立場からみると，電位(静電ポテンシャル)のようには利用価値のあるものではない．電位が電場のポテンシャルとして Maxwell 方程式の中でも活躍するのに対して，磁位はそのまま生き残ることはできず，後に述べるベクトルポテンシャルに取って代わられるのである．この点は第5章までゆけば明らかとなる．磁位が，電位のような基礎的な量として生き残れない理由は，つまるところ，電荷が単独で存在できるのに，磁荷はそうではない(磁気単極子が自然界に存在しない)という事実に深くかかわっている.

静電場のときに電気力線というものを考えたが，これに対して，静磁場では**磁力線**というものを考えることができる．これは，静磁場の存在する空間の各点で，磁荷にはたらく力の向きを描き表わしたものである．電気力線の場合は，矢印の向きは + から − へ向かうものとしたが，磁力線の場合は，矢印の向き

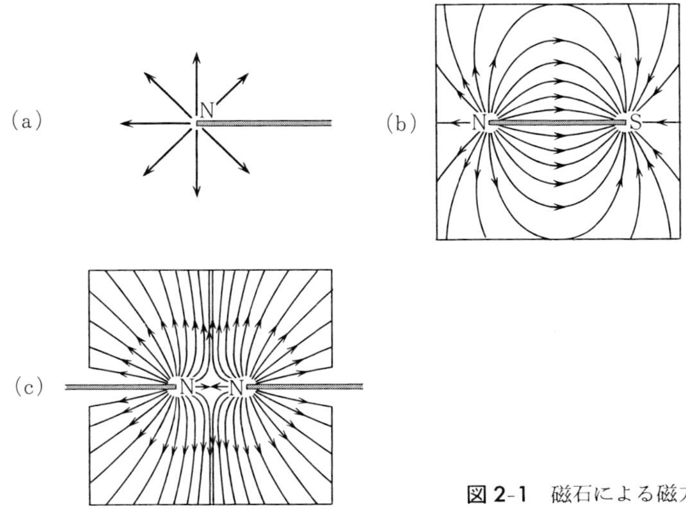

図 2-1 磁石による磁力線.

はN極からS極へ向かうものとする．図2-1は磁石による磁力線の例である．

c）　磁気双極子モーメント

両端の磁極の磁荷がそれぞれ $Q_{\rm m}$ と $-Q_{\rm m}$ であるような長さ l の棒磁石を，図2-2に示すように，一様な磁場 $\boldsymbol{H}$ の中においたとする．磁荷 $-Q_{\rm m}$ にはたらく力は $-Q_{\rm m}\boldsymbol{H}$ で，磁荷 $Q_{\rm m}$ にはたらく力は $Q_{\rm m}\boldsymbol{H}$ であるから，棒磁石全体にはたらく力のモーメントは

$$-(Q_{\rm m}H)(l\sin\theta)$$

である．ここで，θ は磁場 $\boldsymbol{H}$ と棒磁石のなす角である．いま，S極からN極の方向を向き，大きさが

$$|\boldsymbol{d}_{\rm m}| = Q_{\rm m}l$$

であるようなベクトル $\boldsymbol{d}_{\rm m}$ を考えると，上記の力のモーメントは

$$\boldsymbol{d}_{\rm m}\times\boldsymbol{H}$$

と書くことができる．

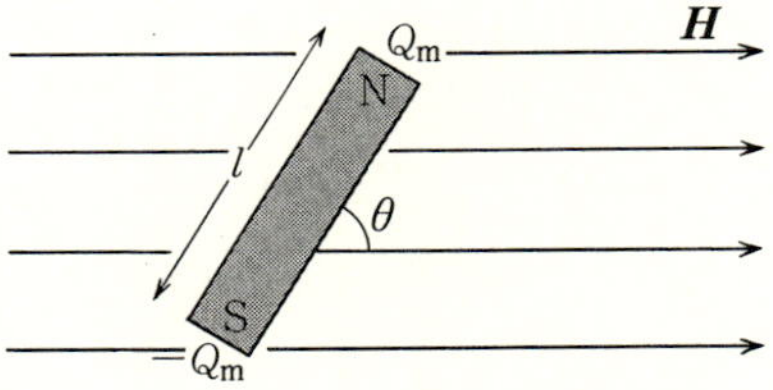

図 2-2　一様磁場中におかれた棒磁石．

このベクトル $\boldsymbol{d}_{\rm m}$ を棒磁石の**磁気モーメント**(magnetic moment)という．磁気モーメント $\boldsymbol{d}_{\rm m}$ を一定に保ちながら l を限りなく小さくしたとき，そのような無限小の棒磁石を**磁気双極子**(magnetic dipole)といい，そのときの $\boldsymbol{d}_{\rm m}$ を**磁気双極子モーメント**(magnetic dipole moment)という．

磁気双極子のまわりの磁場を求めてみよう．磁気双極子によって生じる磁場は，磁気双極子の軸のまわりに対称であるから，磁気双極子を含む面上での磁場がわかれば十分である．そこで，図2-3のように磁気双極子を含む (x, y) 平面をとり，磁気双極子の方向を x 軸とし，磁気双極子の位置を原点にとる．この場合，磁場を直接求めるよりは，まず磁位を求めたほうが簡単である．そこで点 (x, y) での磁位を求めよう．1つの磁荷による磁位は式(2.4)に与えら

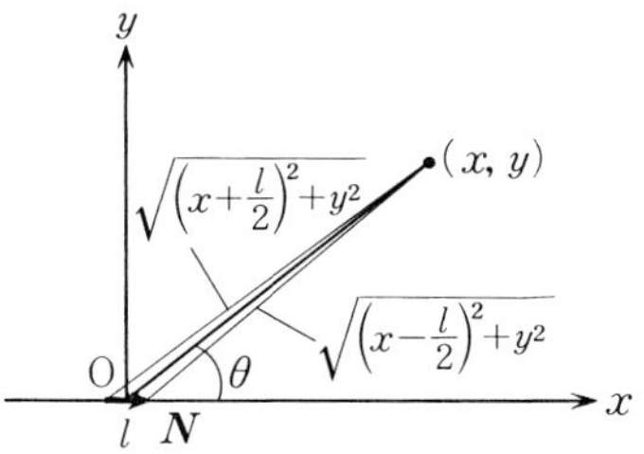

図 2-3 磁気双極子による点 (x, y) での磁位.

れているから，いまの場合，2つの磁荷からの磁位の和をとればよい．すなわち，求める磁位は

$$\phi_{\mathrm{m}} = \lim_{l \to 0} \frac{Q_{\mathrm{m}}}{4\pi\mu_0}\left\{\frac{1}{\sqrt{(x-l/2)^2+y^2}} - \frac{1}{\sqrt{(x+l/2)^2+y^2}}\right\} \tag{2.7}$$

である．$l \to 0$ の極限をとると

$$\phi_{\mathrm{m}} = \frac{d_{\mathrm{m}}}{4\pi\mu_0}\frac{x}{(x^2+y^2)^{3/2}} = \frac{d_{\mathrm{m}}}{4\pi\mu_0}\frac{\cos\theta}{r^2} \tag{2.8}$$

となる．ここで，次の展開式を用いた．

$$\frac{1}{\sqrt{(x+\varepsilon)^2+y^2}} = \frac{1}{\sqrt{x^2+y^2}} - \varepsilon\frac{x}{(x^2+y^2)^{3/2}} + O(\varepsilon^2)$$

式(2.8)で与えられる磁位 ϕ_{m} から，$\boldsymbol{H} = -\mathrm{grad}\,\phi_{\mathrm{m}}$ によって磁場を求めることができる．極座標表示を用いると

$$H_r = -\frac{\partial\phi_{\mathrm{m}}}{\partial r} = \frac{d_{\mathrm{m}}}{4\pi\mu_0}\frac{2\cos\theta}{r^3}, \qquad H_\theta = -\frac{\partial\phi_{\mathrm{m}}}{\partial\theta} = \frac{d_{\mathrm{m}}}{4\pi\mu_0}\frac{\sin\theta}{r^3} \tag{2.9}$$

となる．磁気双極子モーメントによる磁場の磁力線を図 2-4 に図示する．

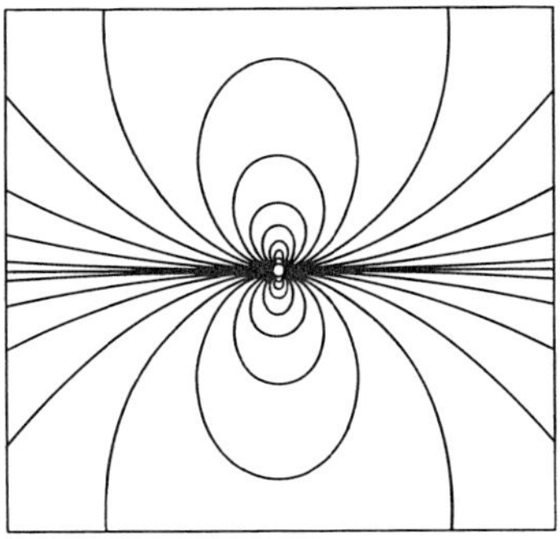

図 2-4 磁気双極子のまわりの磁力線.

2-2 磁性体

外部磁場の下で磁気を帯びる物質を磁性体といい，磁気を帯びる性質を磁性という．一様等方な磁性体中での静磁場のふるまいを調べ，静磁場の基礎方程式を求める．磁性体の諸性質についても簡単に述べる．

a) 磁化

鉄を強い磁場の下におくと磁気を帯びる．このように，物質が外部磁場の下で磁気モーメントをもつようになることを**磁化する**という．磁化する能力のある物質を**磁性体**という．磁性体の磁化の強さを表わす量として，磁性体の単位体積当たりの磁気モーメントの大きさを用い，その方向を磁気モーメントの方向にとる．この量を $\boldsymbol{M}$ と書き，**磁化ベクトル**(magnetization vector)または**磁化**(magnetization)とよぶ．

磁化ベクトルは，誘電体の場合の分極ベクトルに対応するものである．誘電体のときと同様に，外部磁場の下にある磁性体は，微小な磁気双極子の集合体であるとみなすことができる．これらの磁気双極子のモーメント $\boldsymbol{d}_\mathrm{m}$ はどれも同じ大きさで，方向も同じであるとし，磁性体の単位体積当たりこのような磁気双極子が N 個含まれているものとする．すると，磁化ベクトル $\boldsymbol{M}$ は，定義から

$$\boldsymbol{M} = N\boldsymbol{d}_\mathrm{m} \tag{2.10}$$

で与えられることがわかる．

磁性体に外部磁場 $\boldsymbol{H}$ をかけると，それに応じた磁化 $\boldsymbol{M}$ が生じる．一様な磁性体に，あまり強くない磁場 $\boldsymbol{H}$ をかけたときに生じる磁化 $\boldsymbol{M}$ は，磁場に比例することが実験的にわかっている．

$$\boldsymbol{M} = \chi_\mathrm{m}\boldsymbol{H} \tag{2.11}$$

比例定数 χ_m は**磁化率**(magnetic susceptibility)とよばれる．次章で示すように，磁化率の単位は真空の透磁率のそれと同じであるから，無次元量

$$\bar{\chi}_{\mathrm{m}} = \frac{\chi_{\mathrm{m}}}{\mu_0} \tag{2.12}$$

を導入し，これを**比磁化率**とよぶ.

外部磁場が非常に大きくなると，式(2.11)のような比例関係がくずれて非線形の関係式になる．これはいいかえると，磁化率 χ_{m} が外部磁場 $\boldsymbol{H}$ に依存するということである．磁化率 χ_{m} はまた温度にも依存する.

磁化率が正($\chi_{\mathrm{m}}>0$)であまり大きくない磁性体を**常磁性体**といい，磁化率が負($\chi_{\mathrm{m}}<0$)の磁性体を**反磁性体**という．磁化率が特に大きいものは，強磁性体($\chi_{\mathrm{m}}>0$)とか反強磁性体($\chi_{\mathrm{m}}<0$)とかよばれる．鉄やニッケルのように強く磁化するものは，もちろん強磁性体である．強磁性体でも，温度を十分上げると常磁性体になる．強磁性体が常磁性体になる温度を **Curie 温度**という.

磁性体の磁化の根本的な原因は，原子のレベルまでさかのぼって考えると，電子や陽子のスピン角運動量や軌道角運動量による磁気モーメントであるということができる．いささか厳密性は欠くがもっと直観的な言い方をすれば，物質の磁気の原因は，電子や陽子のような荷電粒子が回転運動をすることによって生じる磁場，すなわち，電流による磁場(次章参照)である．(これは原子の世界のことであるから，もちろん量子論的な取扱いが必要である.) だから，磁石による静磁場であれ，電流による磁場であれ，自然界の磁気の原因は，根本的には電荷の運動によるものであるということができる.

磁性体の原子分子構造は複雑多様であるから，磁化の起こりかたも多様であり，上で述べたような種々の磁性体が現われるのである．磁性体の量子論は，これ自体で物理学の1つの大きな分野をなしている．興味ある読者は，磁性体についての成書を参照されたい.

b) 磁束密度と Gauss の定理

静電気と静磁気は，磁気単極子がないという問題を別とすれば，似たような法則に従っている．このため，1-3節c項の静電気における誘電体の議論で，電気双極子モーメントを磁気双極子モーメントでおきかえれば，そのまま静磁気における磁性体の議論になる．ただし，静電気の真電荷にあたるものは，静磁気では磁気単極子であるから，磁性体の議論では静電気の真電荷にあたる項が現われない．誘電体のときに電気変位 $\boldsymbol{D}$ を定義したのと同じようにして，磁性体の場合にもこれに対応した物理量を定義することができる．それがこれから考える磁束密度である．

誘電体における静電場と磁性体における静磁場とでは，次のような対応関係があると考えられる．

$$\varepsilon_0 \to \mu_0$$

$$\boldsymbol{E} \to \boldsymbol{H}$$

$$\boldsymbol{P} \to \boldsymbol{M}$$

そこで，静電場の場合の電気変位

$$\boldsymbol{D} = \varepsilon_0 \boldsymbol{E} + \boldsymbol{P}$$

に対応して，新たに

$$\boldsymbol{B} = \mu_0 \boldsymbol{H} + \boldsymbol{M} \tag{2.13}$$

なる量を定義する．これは，**磁束密度**(magnetic flux density)とよばれる．

1-3 節 c 項で，電気変位 $\boldsymbol{D}$ に対して Gauss の定理

$$\mathrm{div}\,\boldsymbol{D} = \rho$$

を導いたのと全く同様にして，磁束密度 $\boldsymbol{B}$ に対する Gauss の定理を導くことができて

$$\mathrm{div}\,\boldsymbol{B} = 0 \tag{2.14}$$

が得られる．ここで，真電荷密度 ρ に相当する磁気単極子密度はないので，式(2.14)の右辺はゼロとなるのである．この式が，静磁場にたいする基礎方程式である．式(2.14)の積分形は

$$\int_S \boldsymbol{B} \cdot d\boldsymbol{S} = 0 \tag{2.15}$$

である．ただし，S は磁性体中のある閉曲面である．

磁性体にかけられた外部磁場 $\boldsymbol{H}$ があまり大きくなければ，式(2.11)が成り立つのであるから，式(2.13)の定義から

$$\boldsymbol{B} = (\mu_0 + \chi_{\mathrm{m}})\boldsymbol{H} = \mu \boldsymbol{H} \tag{2.16}$$

を得る．ここで，

$$\mu = \mu_0 + \chi_m \tag{2.17}$$

は，**透磁率**(magnetic permeability)とよばれる量である．

c) 残留磁化

鉄などを強い磁場のもとに一定時間おいたあと磁場を除いても，鉄の磁化は消失せず，磁石になってしまうことは，よく知られている事実である．このように，外部磁場によって生じた磁化が，そのまま残る現象を**残留磁化**という．

磁性体に磁場 $\boldsymbol{H}$ をかけ，その大きさ $H=|\boldsymbol{H}|$ をだんだん大きくしていくと，磁化 $\boldsymbol{M}$ の大きさ M も増大する．H が十分小さい間は，M は H に比例している(比例定数が磁化率 χ_m である)．しかし，H が大きくなっていくにつれて，線形性は破れ(χ_m の H 依存性がきいてきて)，M はあまり増大しなくなってくる．そして，いくら H を増してもそれ以上 M が増大しなくなる．このように，これ以上 M が大きくならないという値を**飽和磁化**という．この状況を図示したものが図 2-5 中の曲線 A である．

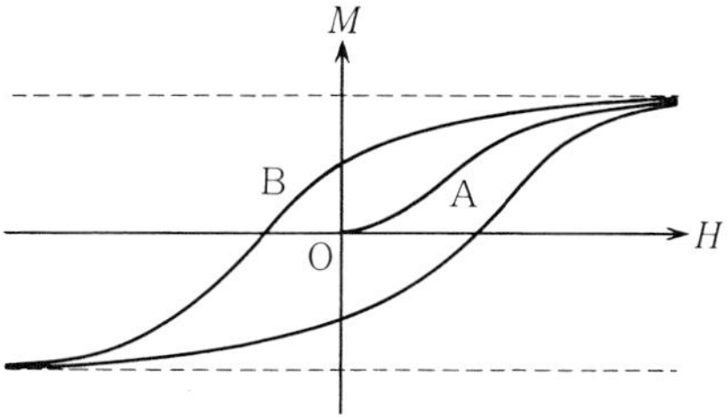

図 2-5　磁化曲線.

次に，外部磁場 H をだんだん小さくしていく．すると，M の値は曲線 A を逆にたどると思われるが，必ずしもそうではなく，強磁性体の場合は曲線 B のような，A と違った道をたどることが知られている．このように，強磁性体が外部磁場によって磁化する過程と外部磁場を除いていく過程とで，磁化 M の値がちがった道筋をたどる現象を**ヒステリシス**(hysteresis)とよび，図 2-5 のような曲線を**磁化曲線**という．図 2-5 から明らかなように，ヒステリシスがあると M は H の 2 価関数となる．曲線 B が M 軸をよぎる点が残留磁化に対応する．

磁性体はたくさんの磁気双極子が集まってできていると考えられる．通常は，これらの磁気双極子は磁性体の中でてんでんばらばらの方向を向いているので，磁気双極子モーメントが打ち消しあって，磁性体全体としては磁気モーメントをもたない．しかし，外部磁場をかけると，これらの磁気双極子が磁場の方向にそろって，磁性体は全体として磁気をおびることになる．すなわち，磁化をするわけである．強磁性体では，外部磁場を除いても，これらの整列した磁気双極子がそのままの状態を保つので，強い残留磁化が得られるのである．強磁性体では，磁気双極子がばらばらの状態と整列した状態とがどちらも安定であり，温度変化などによりこの2つの状態が相互に移り変わることができる．これは，一般に相転移とよんでいる現象の典型的な一例であり，原子論的な立場から詳しく調べられていて，満足できる理論体系が得られている．

2-3 静磁エネルギー

空間のある点の磁場が $\boldsymbol{H}$ であるとして，この点での静磁場によるエネルギー U_{m} を，1-4 節の静電エネルギーの場合と同様にして求めてみよう．

考えている点での磁位を ϕ_{m} とすると，ここに磁荷 Q_{m} をおいたときの静磁エネルギー U_{m} は，式(1.57)と同様

$$U_{\mathrm{m}} = \frac{1}{2} Q_{\mathrm{m}} \phi_{\mathrm{m}} \tag{2.18}$$

となる．1-4 節と全く同じ議論によって，式(2.18)を変形すると

$$U_{\mathrm{m}} = \frac{1}{2} \int \boldsymbol{B} \cdot \boldsymbol{H} dv \tag{2.19}$$

が得られる．したがって，単位体積当たりのエネルギー，すなわち静磁エネルギー u_{m} は

$$u_{\mathrm{m}} = \frac{1}{2} \boldsymbol{B} \cdot \boldsymbol{H} = \frac{1}{2} \mu H^2 \tag{2.20}$$

で与えられる．

3
電流による磁場

電線に定常電流を流すと，そのまわりに磁場が発生する．これは，電磁石の原理としてよく知られていることである．原子のレベルまでさかのぼって考えると，定常電流は一様な電子の流れであるから，この現象は，電子とともにそのまわりの電場が運動することによって磁場が発生することである，と考えることができる．

この章では，定常電流とそれによって生じる磁場との関係についての実験事実から，電流による磁場を表わす基礎方程式を導く．この式は変位電流がある場合に拡張される．

磁束密度に対する Gauss の定理を用いると，ベクトルポテンシャルという量を導入することができる．この章で求めた基礎方程式を，これを用いて書き換えることができ，これは応用上便利である．

電流によって磁場が発生するのであるから，当然，外部磁場の下での電流には，外部磁場からの力がはたらく．この問題もこの章で取り扱う．

3-1 電流

電荷が移動するとき，これを**電流**(electric current)という．導体の中での電荷の移動を特に**伝導電流**(conduction current)という．

導体に一様な電場をかけると，導体内の電荷に力がはたらき，それらが移動を始め，電流が流れる．金属の場合，移動する電荷は電子である．電子の電荷の符号は負であるから，電子はかけた電場の方向とは逆向きに移動する．電子は，金属中を移動しながら金属イオンに衝突して，速度を失ったり加速されたりして，平均としてある一定の速度をもつようになる．これが**定常電流**である．電子の移動速度は，電場を強くすれば速くなる．

電流の強さIは，導体のある断面を単位時間当たりに通過する電荷の量で定義する．すなわち，Iは

$$I = \frac{dQ}{dt} \tag{3.1}$$

で与えられる．ここでQは電気量である．MKSA 単位系では，1 秒間にある断面を 1 C の電気量が通過するとき，電流の強さIは 1 A (ampere，アンペア)であるといい，この A を基本単位として採用している．1-1 節 c 項で定義した記号を用いると $[I]=\mathrm{C/s}=\mathrm{A}$ となる．

単位断面積当たりの電流jを**電流密度**(current density)という．MKSA 単位系では $[j]=\mathrm{A/m^2}$ である．電流密度は，流れる方向をもっているから，ベクトル量である．流れる方向は考えている断面に垂直である．流れる方向も表わす電流密度のベクトルを$\boldsymbol{j}$と書くことにする．

いま，導体内に任意の閉曲面Sを考える．このSを通して単位時間当たり流れ出る電気量(すなわち電流)は

$$\int_S \boldsymbol{j}\cdot d\boldsymbol{S}$$

である．この電気量は，閉曲面Sの中にある電気量Qの，単位時間当たりの

減少率に等しいから

$$\int_S \boldsymbol{j}\cdot d\boldsymbol{S} = -\frac{dQ}{dt} \tag{3.2}$$

が得られる．式(3.2)の左辺に対して Gauss の発散定理を適用し，右辺では電荷密度 ρ の定義

$$Q = \int_V \rho dv$$

を用いると（V は閉曲面 S でかこまれる領域）

$$\int_V \left(\mathrm{div}\, \boldsymbol{j} + \frac{\partial \rho}{\partial t}\right) dv = 0$$

を得る．領域 V は任意だから上の被積分関数そのものが 0 となるべきであり，

$$\mathrm{div}\, \boldsymbol{j} + \frac{\partial \rho}{\partial t} = 0 \tag{3.3}$$

となる．これは，閉曲面 S の中の電荷の減少が，S を通って流出する電荷の量に等しいという式(3.2)の微分形そのものであるから，局所的な電荷の保存を表わす式である．そこで，式(3.3)のことを，**電荷の連続の式**または**電荷の保存則**とよぶ．

一様な導体において，通常の状態では，流れる電流はかけた電場に比例するということが実験的に知られている．すなわち

$$\boldsymbol{j} = \sigma \boldsymbol{E} \tag{3.4}$$

比例定数 σ は**導電率**(conductivity)とよばれる．導電率 σ の逆数 $\rho=1/\sigma$ を**抵抗率**(resistivity)という．抵抗率 ρ の単位は

$$[\rho] = [1/\sigma] = [E/j] = \mathrm{V\cdot m/A}$$

であるが，V/A＝Ω のことを特にオーム(ohm)とよぶので，

$$[\rho] = \Omega\cdot\mathrm{m} \tag{3.5}$$

である．

式(3.4)は，導体の抵抗率の温度変化などを考えない限りにおいては，実験的に正しいことがわかっていて，**Ohm の法則**とよばれているものである．こ

の式が，通常 Ohm の法則とよばれている $\phi=IR$（R は抵抗）と同等であることは，次のようにして分かる．

断面積 S，長さ l，抵抗率 ρ の円筒状の針金を考え，その両端を電位差 ϕ に保ったとする．針金は導体であり，その中での電場 $\boldsymbol{E}$ は一定であるから，

$$\phi = \int_0^l \boldsymbol{E}\cdot d\boldsymbol{r} = El$$

ここで，式(3.4)を用い，抵抗率 ρ を使うと，上の式は

$$\phi = \rho l j$$

となる．しかるに，針金を流れる全電流 I は

$$I = Sj$$

であるから，これを前の式に代入して

$$\phi = IR \tag{3.6}$$

を得る．ここで，

$$R = \frac{\rho l}{S}$$

は，**電気抵抗**(electric resistance)とよばれるもので，その単位は ohm

$$[R] = \left[\frac{\rho l}{S}\right] = \Omega \tag{3.7}$$

である．針金の両端に 1 V の電位差をかけたとき 1 A の電流が流れれば，この針金の抵抗は 1 Ω である．

金属中の電流は電子の移動によるものである．電子は金属イオンと衝突して速度を失うが，これが抵抗である．電子の運動エネルギーは，この衝突によって一部が金属イオンに移り，イオンの熱振動をさかんにする．このため金属全体が発熱する．これを**ジュール熱**という．

さきほど考えた針金で，単位時間当たり移動する電気量は I である．だから，これによって発生する熱量 W は

$$W = \phi I = I^2 R \tag{3.8}$$

となる．ϕI は単位時間当たりの電気エネルギーであり，実用上は電力ともよ

ばれている．その単位は watt である．

3-2 Biot-Savart の法則

静電気現象と静磁気現象は，たいへんよく似た現象であり，理論の構造も似かよっているけれども，まったく無関係で独立な現象である．このため，電気と磁気はまったく別物であると考えられたとしても不思議ではない．もちろん，単なる理論的な類似性のみから，電気と磁気の理論的な関係を推論する人はあったとしても，それは推測以上の何物でもないであろう．

19 世紀初頭までは，電気と磁気を直接関係づけるような現象は知られていなかったので，実際このように考えられていたのである．しかるに，1820 年 7 月になって，H. C. Oersted は，電流の流れている導線の近くにおかれた磁針がふれることを見いだした．この発見はたちまちヨーロッパ中に広まり，多くの科学者が注目するところとなった．A. M. Ampère は，電流の流れている導線と導線の間に磁気的な力がはたらき，その力は，電流の向きによって引力になったり斥力になったりすることを発見した．また，F. Arago と H. Davy は，鉄の棒を電流の流れるコイルの中におくと磁化することを見いだした．これは，今日の電磁石である．この年の 10 月になると，J. B. Biot と F. Savart が，電流の流れる導線によって生じる磁場についての定量的な実験結果を発表した．彼らの結果を実験式のかたちで表わしたものを，今日では **Biot-Savart の法則**とよんでおり，次のように表わすことができる．

定常電流 I の流れる導線を考え，その微小部分を電流素片とよぶ．図 3-1 のように，長さ dl の電流素片から R の距離にあり，電流素片の向きと角 θ をなす点 P での磁場の強さ dH は

$$dH = \frac{I \sin\theta \, dl}{4\pi R^2} \tag{3.9}$$

で与えられ，その向きは，電流素片のまわりをまわる右ネジの方向を向いている．

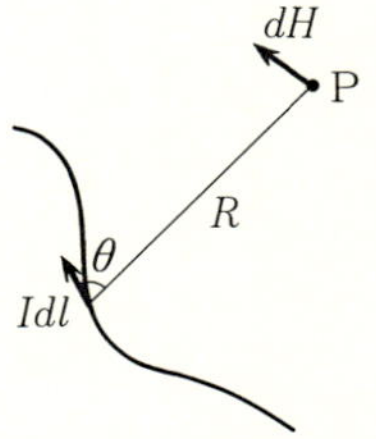

図 3-1 Biot-Savart の法則：電流素片 Idl が点 P につくる磁場 dH.

この Biot-Savart の法則のうちの最後の部分は，Ampère の右ネジの法則ともよばれている．

電流素片の向きまで考えて，これをベクトル $\boldsymbol{dl}$ で表わすと，Biot-Savart の法則は，ベクトル記号を用いて次のような簡潔な式で書き表わすことができる．

$$d\boldsymbol{H} = \frac{Id\boldsymbol{l} \times \boldsymbol{R}}{4\pi R^3} \tag{3.10}$$

以下で，Biot-Savart の法則をもちいて，具体的な例をいくつか考えてみよう．

直線電流

無限に長い直線状導線に強さ I の定常電流が流れているとき，図 3-2 に示されているように，導線から距離 a の点 P での磁場 H を求める．

図 3-2 から分かるとおり $\sin\theta = a/\sqrt{l^2+a^2}$ であるから，Biot-Savart の法則を適用して

$$H = \int_{-\infty}^{\infty} dl \frac{Ia}{4\pi(l^2+a^2)^{3/2}} = \frac{I}{2\pi a} \tag{3.11}$$

を得る．

円電流

半径 a の円形導線に電流 I が流れているとき，この円の中心に生じる磁場 $\boldsymbol{H}$ を求めてみよう．Biot-Savart の法則で，$\theta = \pi/2$ で $R = a$ であり，磁場の向きは右ネジの法則により，図 3-3 に示したような向きとなる．磁場の強さは

$$H = \int_0^{2\pi a} \frac{Idl}{4\pi a^2} = \frac{I}{2a} \tag{3.12}$$

である．

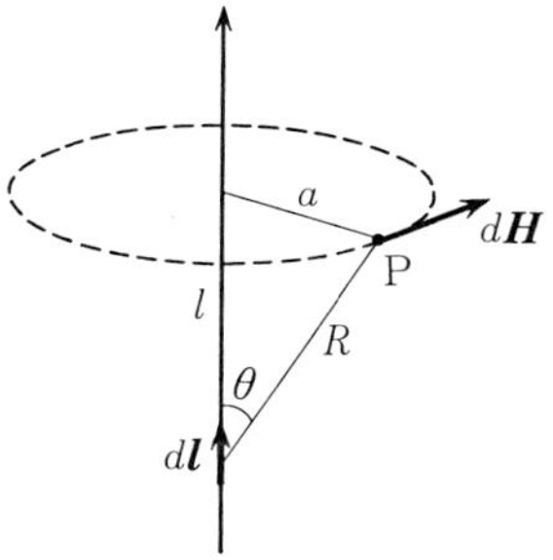

図 3-2　無限直線状定常電流による磁場.

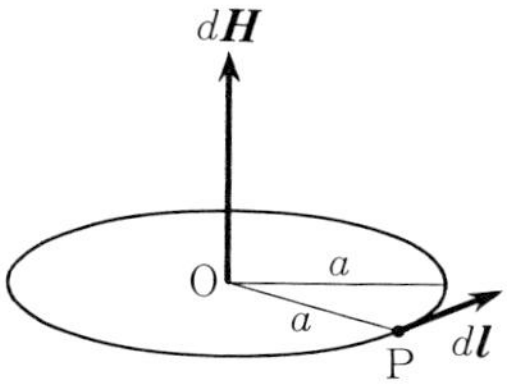

図 3-3　円電流によってその中心に作られる磁場.

3-3　Ampère の法則

Biot-Savart の法則は，実験結果から得られた経験則である．この節では，Biot-Savart の法則を，より一般性をもった Ampère の法則の形に変形し，それを微分方程式の形で表わす．さらに，定常電流でなくて，変動する電流の場合にも使えるように，この微分方程式を拡張する．

a)　Ampère の法則の導出

電流の流れている電線のまわりの磁場は，Biot-Savart の法則によって求めることができる．この法則は，電流分布がもっと一般の場合にも拡張することができる．電流が与えられたときに，それによって生じる磁場を求めるための一般的な式としては，Biot-Savart の法則の形のままではいささか不便である．そこで，より一般的な式を得るために，式(3.10)をすこし変形してみよう．

真空中に置かれた回路 C' に，図 3-4 に示すように定常電流 I が流れているものとする．これによって点 P に生じる磁場を $\boldsymbol{H}(\boldsymbol{r})$ とすると，Biot-Savart の法則により

$$\boldsymbol{H}(\boldsymbol{r}) = \frac{I}{4\pi}\int_{C'} \frac{d\boldsymbol{l}'\times\boldsymbol{R}}{R^3} \tag{3.13}$$

である．ここで，$\boldsymbol{R}$ は，図 3-4 に示されているように，点 Q から点 P へ向か

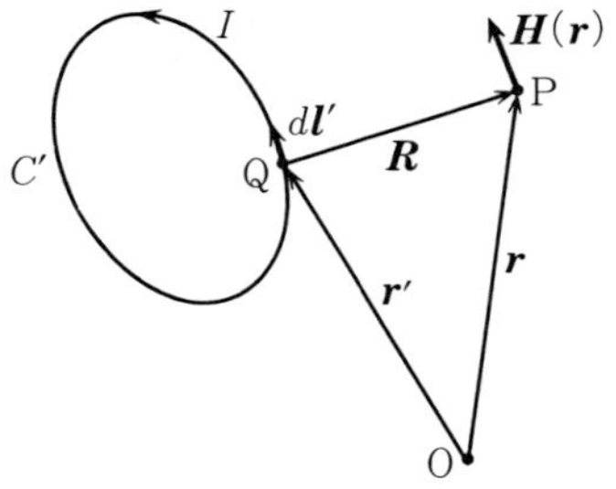

図 3-4 閉回路 C' による点 P での磁場 $\boldsymbol{H}$.

う位置ベクトルである.

いま，ある閉曲線 C にそって点 P を動かして $\boldsymbol{H}(\boldsymbol{r})$ を線積分すると

$$\int_C \boldsymbol{H}(\boldsymbol{r})\cdot d\boldsymbol{l} = \frac{I}{4\pi}\int_C\int_{C'}\frac{(d\boldsymbol{l}'\times\boldsymbol{R})\cdot d\boldsymbol{l}}{R^3} \qquad (3.14)$$

を得る．この閉曲線 C は，図 3-5(a)のように回路 C' をよぎらない場合と，図 3-5(b)のように回路 C' をよぎる場合とがある．

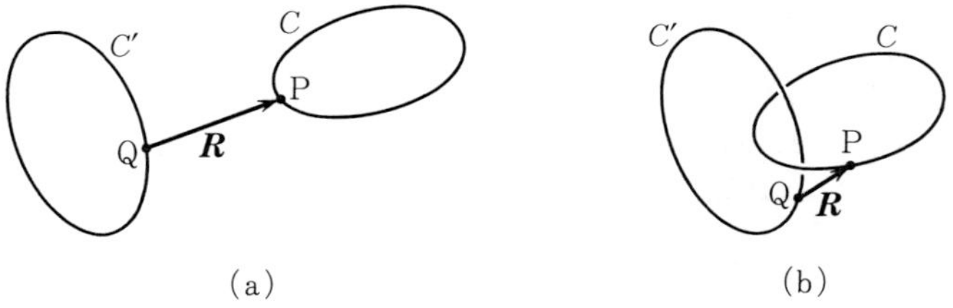

図 3-5 (a)閉回路 C' をよぎらない閉曲線 C．(b)閉回路 C' をよぎる閉曲線 C.

まず，C が C' をよぎらない場合から考えることにする．ベクトル解析の公式

$$d\boldsymbol{l}\cdot(d\boldsymbol{l}'\times\boldsymbol{R}) = (d\boldsymbol{l}\times d\boldsymbol{l}')\cdot\boldsymbol{R}$$

に注意し，$\boldsymbol{R}'=-\boldsymbol{R}$ とおくと，式(3.14)は

$$\int_C \boldsymbol{H}(\boldsymbol{r})\cdot d\boldsymbol{l} = \frac{I}{4\pi}\int_C\int_{C'}\frac{(d\boldsymbol{l}'\times d\boldsymbol{l})\cdot\boldsymbol{R}'}{R'^3} \qquad (3.15)$$

と書き直すことができる．式(3.15)において，さらに計算を進めるために，す

こし見方を変えてみよう．すなわち，点 Q を閉回路 C' 上に止めておいて，点 P を閉曲線 C にそって動かすのであるが，これを，点 P が止まっていて点 Q が動くとみなしてみる．これは丁度，地球が太陽のまわりを回っているのに，地球上から見ると，太陽が地球のまわりを回っているように見えるのと同じである．そこで，図 3-6(a)のように考えるかわりに，図 3-6(b)のように考えようというわけで，点 P が閉曲線 C にそって動くと考えるかわりに，点 Q が閉曲線 $\overline{C}$ にそって動くとみなすことにする．

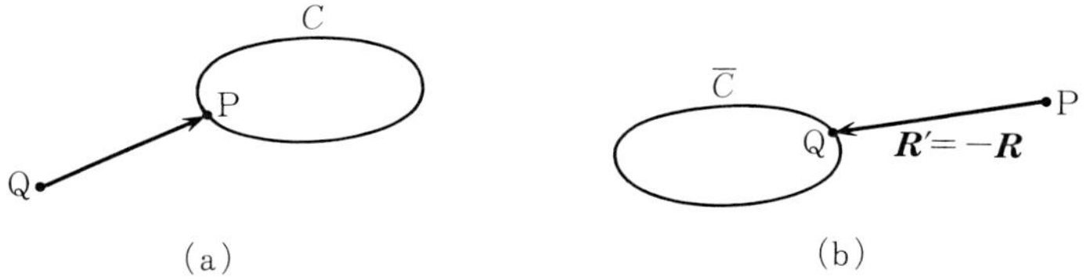

図 3-6 (a)閉回路 C' 上の 1 点 Q から見た閉曲線 C．(b)点 P が閉曲線 C 上を 1 周したとき，点 P から点 Q をながめると，点 Q は閉曲線 $\overline{C}$ を描くように見える．

そうすると，結局回路 C' が閉曲線 $\overline{C}$ にそってぐるりと 1 周することになり，ドーナツ状の閉曲面が得られることになる．この状況を図 3-7 に示す．

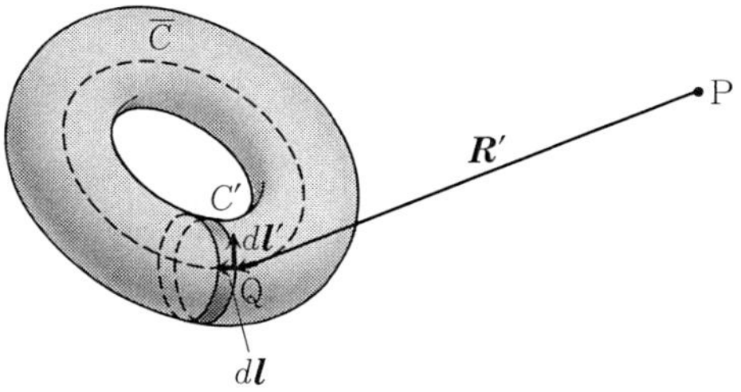

図 3-7 閉曲線 C を 1 周する点 P に乗って，閉回路 C' をながめたときに，閉回路 C' が描くドーナツ図形．

ドーナツ面の外向きに面素

$$d\boldsymbol{S} = d\boldsymbol{l}' \times d\boldsymbol{l}$$

を定義し，ドーナツ面を S とすると

$$\int_C \int_{C'} d\boldsymbol{l}' \times d\boldsymbol{l} = \int_S d\boldsymbol{S}$$

であるから，式(3.15)は次のようになる．

$$\int_C \boldsymbol{H}(\boldsymbol{r})\cdot d\boldsymbol{l} = \frac{I}{4\pi}\int_S \frac{d\boldsymbol{S}\cdot\boldsymbol{R}'}{R'^3} \tag{3.16}$$

ここで，$d\boldsymbol{S}\cdot\boldsymbol{R}'/R'^3$ は，点Pから見た $d\boldsymbol{S}$ の立体角 $d\Omega$ である．したがって，式(3.16)は

$$\int_C \boldsymbol{H}(\boldsymbol{r})\cdot d\boldsymbol{l} = \frac{I}{4\pi}\int_S d\Omega \tag{3.17}$$

となる．しかるに，ドーナツ面に対して

$$\int_S d\Omega = \begin{cases} 0 & (\text{P がドーナツ面の外側にあるとき}) \\ 4\pi & (\text{P がドーナツ面の内側にあるとき}) \end{cases} \tag{3.18}$$

となることを示すことができる．実際，図3-8(a)に示すように，点Pがドーナツ面の外側にあるときは，点Pからドーナツ面の微小部分をながめたとき，その視線は外側からと内側からと必ず2回(一般には偶数回)面をよぎる．だから，立体角には，同じ大きさで正と負の寄与をし，合わせてつねにゼロである．したがって，全立体角もゼロとなる．また，図3-8(b)のように，点Pがドーナツ面の内側にあるときは，点Pからドーナツ面の微小部分をながめたとき，その視線は内側から1回だけ(一般には奇数回)面をよぎる．だから，立体角には正の寄与のみがあり，全立体角は 4π となる．

いまここで考えているように，C が C' をよぎらない場合は，点Pはドーナツ面の外側にあるから，式(3.18)により式(3.17)の右辺は0となる．一方，C が C' をよぎる場合は，点Pはドーナツ面の内側にある．だから，式(3.18)に

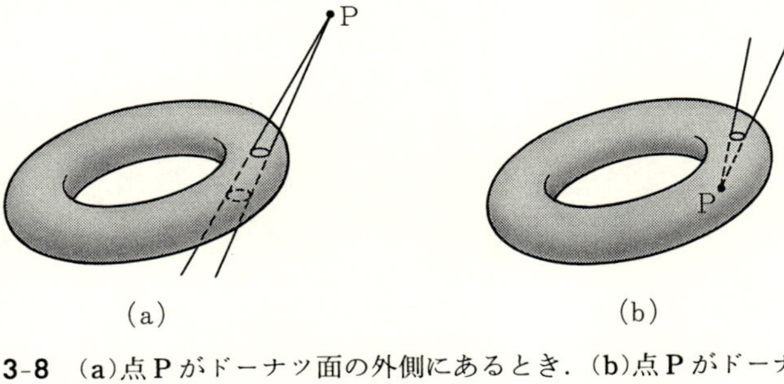

図3-8 (a)点Pがドーナツ面の外側にあるとき．(b)点Pがドーナツ面の内側にあるとき．

より式(3.17)の右辺は0でない．すなわち，

$$\int_C \boldsymbol{H}(\boldsymbol{r})\cdot d\boldsymbol{l} = \begin{cases} 0 & (C\text{ が }C'\text{ をよぎらないとき}) \\ I & (C\text{ が }C'\text{ をよぎるとき}) \end{cases} \tag{3.19}$$

が得られる．

以上の考察をもとにして，次のような定理が得られる．

電流によって生じた磁場 $\boldsymbol{H}$ を，ある閉曲線 C にそって線積分すると

$$\int_C \boldsymbol{H}\cdot d\boldsymbol{l} = I \tag{3.20}$$

となる．ただし，I は閉曲線 C がかこむ電流である．

この定理を **Ampèreの法則**という．式(3.20)において，I は必ずしも細い電線を流れる電流である必要はなく，ある広がりと分布をもって流れる電流であってよい．I は広がりをもった電流の C でかこまれた部分である．また，C が I を2周している場合は，式(3.20)の右辺は $2I$ となる．一般に，C が I を n 周していると，式(3.20)の右辺は nI となる．

これまで，真空中の電流による磁場のみを考えてきたが，磁性体がまわりにある場合についても，同様の考察を行なうことができる．この場合は，電流によって直接生じる磁場の他に，磁性体の磁化によって生じた磁場も考える必要がある．これら2種類の磁場の和に対して，式(3.20)で表わされるAmpèreの法則が成り立つ．

b) Ampèreの法則の微分形

前項で示したように，閉曲線 C にそって磁場 $\boldsymbol{H}$ を1周線積分したものは，その閉曲線 C によってかこまれた電流 I に等しい．

$$\int_C \boldsymbol{H}\cdot d\boldsymbol{l} = I$$

このAmpèreの法則の左辺は，ベクトル解析におけるStokesの定理を用いると

$$\int_C \boldsymbol{H}\cdot d\boldsymbol{l} = \int_S (\mathrm{rot}\,\boldsymbol{H})\cdot d\boldsymbol{S} \tag{3.21}$$

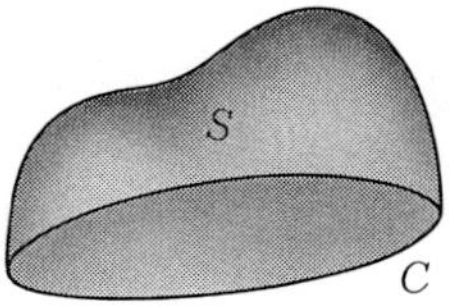

図3-9 閉曲線 C を周縁とする閉曲面 S.

となる．ただし，S は，図3-9に示すような，閉曲線 C を周縁とする任意の曲面である．

他方，電流密度を $\boldsymbol{j}$ とすると

$$I = \int_S \boldsymbol{j}\cdot d\boldsymbol{S} \tag{3.22}$$

であるから，Ampère の法則から

$$\int_S (\mathrm{rot}\,\boldsymbol{H} - \boldsymbol{j})\cdot d\boldsymbol{S} = 0 \tag{3.23}$$

を得る．ここで，S は任意の曲面であるから，式(3.23)が成り立つためには，被積分関数自体がゼロでなければならない．したがって

$$\mathrm{rot}\,\boldsymbol{H} = \boldsymbol{j} \tag{3.24}$$

が得られる．式(3.24)は，Ampère の法則の微分形である．Ampère の法則は，前項でみたように，Biot-Savart の法則から得られるのであるから，式(3.24)は Biot-Savart の法則の別の表現であるということもできる．電流を与えて直接磁場を求めるという観点からみると，Biot-Savart の法則の形のほうが便利である．しかしながら，各点各点での知識をもとにして磁場を求めるという観点からすると，Ampère の法則の微分形のほうが優れている．

c) 変位電流と Ampère の法則

定常電流によって生じる磁場 $\boldsymbol{H}$ に対しては Ampère の法則が成り立ち，前項で示したように，式(3.24)が満たされる．この両辺の発散をとると，ベクトル解析の恒等式 div rot$=0$ により

$$0 = \mathrm{div}\,\mathrm{rot}\,\boldsymbol{H} = \mathrm{div}\,\boldsymbol{j}$$

を得る．定常電流では電荷密度 ρ の時間変化はないから，電荷の保存則(3.3)により $\mathrm{div}\,\boldsymbol{j}=0$ である．したがって，たしかに上の式は正しい．

定常電流でない場合は，電荷密度 ρ の時間変化があり，$\mathrm{div}\,\boldsymbol{j}=0$ は保証されない．そのため，定常電流の場合に導いた Ampère の法則は，そのままでは電荷の保存則と矛盾する．定常的でない電流の下では，Ampère の法則は修正されねばならない．では，どのように修正したらいいのだろうか？　いま，正しい式は

$$\mathrm{rot}\,\boldsymbol{H}-\boldsymbol{j} = \boldsymbol{J} \tag{3.25}$$

の形で与えられるものとしてみよう．この式の右辺 $\boldsymbol{J}$ を，電荷の保存則を満たすように決めることとする．式(3.25)の発散をとると

$$-\mathrm{div}\,\boldsymbol{j} = \mathrm{div}\,\boldsymbol{J} \tag{3.26}$$

を得る．一方，電荷の保存則(3.3)に，Gauss の定理(1.40)を代入すると

$$-\mathrm{div}\,\boldsymbol{j} = \frac{\partial}{\partial t}\mathrm{div}\,\boldsymbol{D} \tag{3.27}$$

が得られる．したがって，式(3.26)と式(3.27)を比較して

$$\boldsymbol{J} = \frac{\partial \boldsymbol{D}}{\partial t} \tag{3.28}$$

とおいてよいと思われる．もちろん，上の式には，任意のベクトルの回転だけの不定性は残るが，これは無視することにする．式(3.28)を認めれば，式(3.25)より，定常的でない電流の下での正しい Ampère の法則は

$$\mathrm{rot}\,\boldsymbol{H} = \boldsymbol{j}+\frac{\partial \boldsymbol{D}}{\partial t} \tag{3.29}$$

となる．この式は，あくまで，電荷の保存則をもとにして予測したものであり，演繹的な方法で導かれたものでもなく，また実験にもとづいたものでもないことに注意する必要がある．実際，J.C. Maxwell は，1862 年に，このような推論によって式(3.29)を導いた．式(3.29)が本当に正しいかどうかは，実験的に確かめねばならない．このためには，電気変位 $\boldsymbol{D}$ が時間変化するような場合を考える必要がある．その典型的な現象としては，電磁波がある．Maxwell は，式(3.29)を用いて，電磁波の存在を予言したのであるが，当時なかなか一般には理解してもらえなかったようである．やっと，1888 年になって，H. R.

Hertz が電磁波現象を確認することになる．今日では，式(3.29)が実験的に支持されることは周知のことであり，これは電磁気学の基礎方程式の1つであると考えられている．

式(3.29)の右辺第2項は，電気変位 $\boldsymbol{D}$ の時間変化を表わし，電流と同じようなはたらきをしている．このため，式(3.28)で与えられる量を，**変位電流**とよんでいる．

3-4 ベクトルポテンシャル

静電場は保存力の場であり，式(1.18)，すなわち

$$\mathrm{rot}\,\boldsymbol{E} = 0 \tag{1.18}$$

を満たしている．ベクトル解析の恒等式 rot grad＝0 に注意すると，上の式から，静電場 $\boldsymbol{E}$ は式(1.17)のように，静電ポテンシャル(電位) ϕ を用いて

$$\boldsymbol{E} = -\mathrm{grad}\,\phi \tag{1.17}$$

と表わされる．

静磁場の場合は，定常電流が存在すれば，Ampère の法則で示されるように，静電場の場合の式(1.18)のようなものは成り立たない．しかし，Gauss の定理が，式(2.14)で与えられるように

$$\mathrm{div}\,\boldsymbol{B} = 0 \tag{2.14}$$

となる．ベクトル解析の恒等式 div rot＝0 を考えると，磁束密度 $\boldsymbol{B}$ は，あるベクトル量 $\boldsymbol{A}$ を用いて

$$\boldsymbol{B} = \mathrm{rot}\,\boldsymbol{A} \tag{3.30}$$

と書き表わすことができることがわかる．ベクトル $\boldsymbol{A}$ を，磁束密度 $\boldsymbol{B}$ に対する**ベクトルポテンシャル**とよぶ．これに対して，静電ポテンシャル ϕ のことを，**スカラーポテンシャル**とよぶこともある．

磁束密度 $\boldsymbol{B}$ を用いる代わりにベクトルポテンシャル $\boldsymbol{A}$ を用いると式が簡単になることが多く，いろいろな問題を解くときにたいへん便利である．また，第5章でも示されるように，電磁場の基礎方程式は，スカラーポテンシャル ϕ

とベクトルポテンシャル $\boldsymbol{A}$ を用いて簡単な形に書き表わすことができる.

この節では，ベクトルポテンシャルの助けを借りて，Ampère の法則から逆に Biot-Savart の法則を導くという問題を考えてみよう．定常電流に対する Ampère の法則(3.24)に式(3.30)を代入すると

$$\mathrm{rot\,rot}\,\boldsymbol{A} = \mu\boldsymbol{j} \tag{3.31}$$

となる．ベクトル解析の公式を用いると，式(3.31)は

$$\mathrm{grad\,div}\,\boldsymbol{A} - \Delta\boldsymbol{A} = \mu\boldsymbol{j} \tag{3.32}$$

となる．ここで，Δ は 1-1 節 f 項で出てきたラプラシアンである.

ベクトルポテンシャル $\boldsymbol{A}$ の定義(3.30)から明らかなことであるが，任意の関数 Λ を用いて，$\boldsymbol{A}$ を $\boldsymbol{A}+\mathrm{grad}\,\Lambda$ とかえても磁束密度 $\boldsymbol{B}$ は変わらない．すなわち，$\boldsymbol{A}$ の定義には，$\mathrm{grad}\,\Lambda$ だけの不定性がある．この不定性を除くために，ベクトルポテンシャル $\boldsymbol{A}$ を定義する際に補助条件をつけることにする．ここでは，その補助条件として

$$\mathrm{div}\,\boldsymbol{A} = 0 \tag{3.33}$$

ととったほうが便利である．条件(3.33)を考慮すると，式(3.32)は

$$\Delta\boldsymbol{A} = -\mu\boldsymbol{j} \tag{3.34}$$

と書ける．式(3.34)は，ベクトル $\boldsymbol{A}$ の各成分 A_x, A_y, A_z に対する Poisson の方程式である．1-1 節 f 項に出てきた Poisson 方程式(1.20)の解が式(1.19)で与えられたのを思い出し，式(3.34)の各成分に対してこれを適用すると，次のような解が得られる.

$$\boldsymbol{A}(\boldsymbol{r}) = \frac{\mu}{4\pi}\int_V \frac{\boldsymbol{j}(\boldsymbol{r}')}{R}dv' \tag{3.35}$$

ここで $\boldsymbol{R}=\boldsymbol{r}-\boldsymbol{r}'$ であり，V は，図 3-10 に示すように，電流が流れている領域である.

いま，特に，電線を流れる電流の場合を考えてみよう．この場合，領域 V は図 3-11 に示すように線状領域となり，電線の接線方向の線素ベクトルを $d\boldsymbol{l}$，電線を流れる電流を I とすると

$$\boldsymbol{j}dv' = Id\boldsymbol{l} \tag{3.36}$$

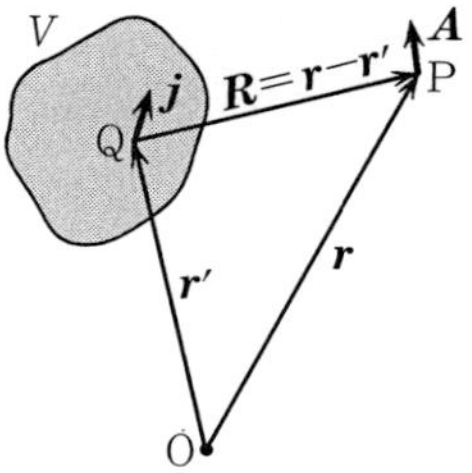

図 3-10 領域 V を流れる電流による点Pでのベクトルポテンシャル.

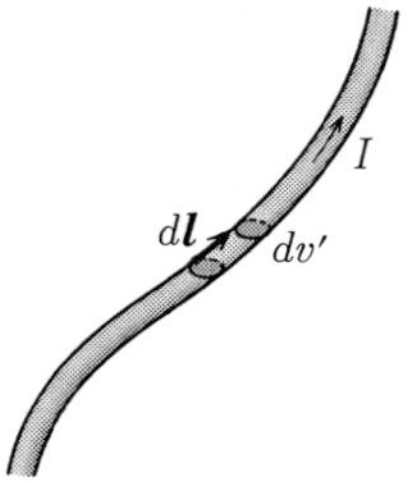

図 3-11 電線を流れる電流.

と書くことができる．したがって，式(3.35)にこれを代入して

$$d\boldsymbol{A} = \frac{\mu I d\boldsymbol{l}}{4\pi r} \tag{3.37}$$

を得る．ただし，ここで，簡単のために原点を $d\boldsymbol{l}$ の場所に移した．式(3.37)から磁場を求めるには，式(3.30)を用いればよくて

$$d\boldsymbol{H} = \frac{1}{\mu}\,\mathrm{rot}(d\boldsymbol{A}) = \frac{I d\boldsymbol{l}\times\boldsymbol{r}}{4\pi r^3} \tag{3.38}$$

これは Biot-Savart の法則に他ならない．

3-5 磁場中の電流にはたらく力

定常電流が流れていれば，そのまわりに磁場が発生する．だから，定常電流を外部磁場の下におけば，その電流は磁場による力を受けるであろう．これはちょうど，磁石による磁場の下に別の磁石をおくと，その磁石に力がはたらくのと同じである．この節では，外部磁場から電流が受ける力の大きさを与える式を求めることとする．

定常電流 I が流れる回路 C を，外部磁場 $\boldsymbol{H}$ の下においたとき，この回路にはたらく力を $\boldsymbol{F}$ とする．図 3-12 に示すように，回路 C の微小部分 $d\boldsymbol{l}$ を考え，これが点 P につくる磁場を $d\boldsymbol{H}_I$ とすると，Biot-Savart の法則により

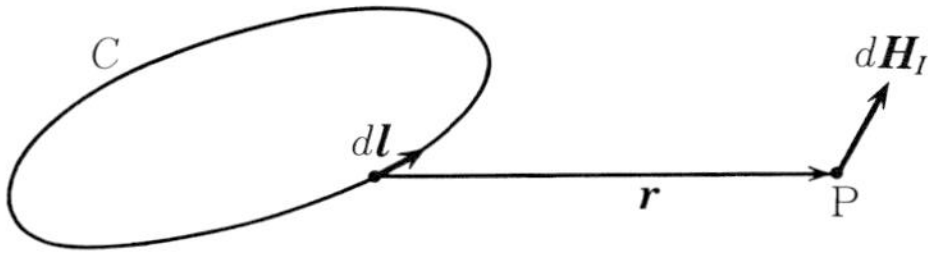

図 3-12 閉回路 C の微小部分 $d\boldsymbol{l}$ を流れる電流 I が点 P につくる磁場 $d\boldsymbol{H}_I$.

$$d\boldsymbol{H}_I = \frac{Id\boldsymbol{l} \times \boldsymbol{r}}{4\pi r^3}$$

である．もし，点 P に磁極 Q_m があれば，磁場 $d\boldsymbol{H}_I$ はこの磁極に力

$$d\boldsymbol{F}_I = Q_\mathrm{m} d\boldsymbol{H}_I = \frac{Q_\mathrm{m} Id\boldsymbol{l} \times \boldsymbol{r}}{4\pi r^3}$$

を及ぼす．作用反作用の原理により，このことは逆に考えれば，点 P に置かれた磁極 Q_m は回路 C の微小部分 $d\boldsymbol{l}$ に

$$d\boldsymbol{F} = -d\boldsymbol{F}_I = -\frac{Q_\mathrm{m} Id\boldsymbol{l} \times \boldsymbol{r}}{4\pi r^3} \tag{3.39}$$

なる力を及ぼしているともいえる．ところで

$$\boldsymbol{H} = -\frac{Q_\mathrm{m}\boldsymbol{r}}{4\pi\mu r^3}$$

は，Q_m が回路 C の微小部分 $d\boldsymbol{l}$ の位置につくる磁場である．したがって，式(3.39)にこれを代入すれば

$$d\boldsymbol{F} = \mu Id\boldsymbol{l} \times \boldsymbol{H} = Id\boldsymbol{l} \times \boldsymbol{B} \tag{3.40}$$

が得られる．これが，磁極 Q_m による磁場 $\boldsymbol{B}$ の下にある電流が受ける力である．

式(3.40)は，多数の磁極が複雑な分布をするときや連続的な磁極の分布の場合にも拡張できる．そこで，式(3.40)は，任意の磁束密度 $\boldsymbol{B}$ に対して成り立つごく一般的な式であると考えてよい．この式で，電流の向きと磁場の向きと電流に加わる力の向きとは，ちょうど左手の中指と人さし指と親指の向きに対応しているので，このことを **Fleming の左手の法則**とよんでいる．

電流が立体的に分布している場合は，式(3.40)は，$Id\boldsymbol{l}$ を $\boldsymbol{j}dv$ でおきかえて，

$$\boldsymbol{F} = \boldsymbol{j} \times \boldsymbol{B}dv \tag{3.41}$$

と書くことができる．さて，電荷 Q の荷電粒子が単位体積あたり N 個あって，これが速度 $\boldsymbol{v}$ で移動したとすれば，これによる電流密度 $\boldsymbol{j}$ は

$$\boldsymbol{j} = NQ\boldsymbol{v} \tag{3.42}$$

である．そこで，式(3.41)の電流密度 $\boldsymbol{j}$ を，そのように考えてみよう．すると，一定の速度 $\boldsymbol{v}$ で運動する電荷 Q の荷電粒子1個あたりにはたらく力 $\boldsymbol{F}$ は，特に $N=1$ とおいて

$$\boldsymbol{F} = Q\boldsymbol{v}\times\boldsymbol{B}$$

で与えられることがわかる．磁場 $\boldsymbol{B}$ の他に電場 $\boldsymbol{E}$ もあれば，この荷電粒子には電場による力 $Q\boldsymbol{E}$ もはたらくので，結局この荷電粒子にはたらく力は全体で

$$\boldsymbol{F} = Q(\boldsymbol{E}+\boldsymbol{v}\times\boldsymbol{B}) \tag{3.43}$$

となる．電場と磁場の中を一定の速度で走る荷電粒子にはたらく，このような力を **Lorentz 力**とよぶ．

この節では，電磁場中を流れる電流が電磁場から受ける力，という立場から Lorentz 力を導いたが，第4章では，電磁誘導の立場からも，同じ Lorentz 力が導けることを示そう．

3-6 定常電流による磁場のエネルギー

定常電流 $\boldsymbol{j}$ によって生じた磁場を $\boldsymbol{H}$ とする．この磁場によって空間に蓄えられたエネルギー U_{m} は，静磁場のときと同じ式(2.19)で与えられる．

$$U_{\mathrm{m}} = \frac{1}{2}\int_V \boldsymbol{B}\cdot\boldsymbol{H}dv \tag{2.19}$$

ここで，V は全空間を表わす．式(2.19)中の磁束密度 $\boldsymbol{B}$ を，ベクトルポテンシャル $\boldsymbol{A}$ を用いて書き換え，ベクトル解析の公式

$$\mathrm{div}(\boldsymbol{A}\times\boldsymbol{H}) = \boldsymbol{H}\cdot\mathrm{rot}\,\boldsymbol{A}-\boldsymbol{A}\cdot\mathrm{rot}\,\boldsymbol{H}$$

および Ampère の法則(3.24)を用いると

$$\boldsymbol{B}\cdot\boldsymbol{H} = \boldsymbol{A}\cdot\boldsymbol{j}+\mathrm{div}(\boldsymbol{A}\times\boldsymbol{H}) \tag{3.44}$$

を得る．したがって，式(2.19)から

$$U_{\mathrm{m}} = \frac{1}{2}\int_V \boldsymbol{A}\cdot\boldsymbol{j}dv + \frac{1}{2}\int_S (\boldsymbol{A}\times\boldsymbol{H})\cdot d\boldsymbol{S} \tag{3.45}$$

が得られる．ここで，右辺第2項では，Gauss の発散定理を用いた．したがって，S は，無限に大きい閉曲面である．いま，$\boldsymbol{H}$ は，無限遠方で十分速く減少するものとすると，式(3.45)の右辺第2項はゼロである．よって

$$U_{\mathrm{m}} = \frac{1}{2}\int_V \boldsymbol{A}\cdot\boldsymbol{j}dv \tag{3.46}$$

となる．

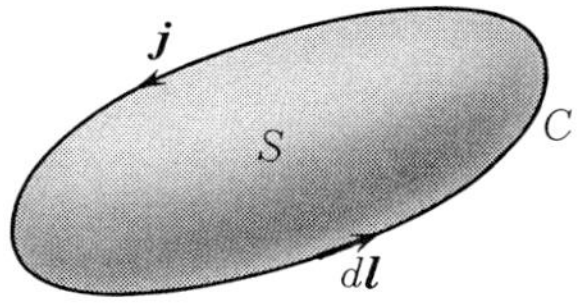

図 3-13 閉回路 C 上を流れる線状電流．

線状電流の場合は，図 3-13 に示すように，積分は電線上のみに限られる．このとき $\boldsymbol{j}dv = Id\boldsymbol{l}$ であるから，式(3.46)は

$$U_{\mathrm{m}} = \frac{1}{2}I\int_C \boldsymbol{A}\cdot d\boldsymbol{l} \tag{3.47}$$

となる．ここで，C は電流の流れる回路である．Stokes の定理により

$$\int_C \boldsymbol{A}\cdot d\boldsymbol{l} = \int_S (\mathrm{rot}\,\boldsymbol{A})\cdot d\boldsymbol{S} = \int_S \boldsymbol{B}\cdot d\boldsymbol{S} \equiv \Psi \tag{3.48}$$

である．ここで，S は，図 3-9 に示したのと同様，周縁を C とする任意の閉曲面である．式(3.48)で定義される量 Ψ は**磁束**(magnetic flux)とよばれる．この Ψ を用いて式(3.47)を書き表わすと

$$U_{\mathrm{m}} = \frac{1}{2}I\Psi \tag{3.49}$$

となる．これが，定常電流 I によって空間に蓄えられる磁場のエネルギーである．

3-7 磁場に関する単位系

第2章の静磁場から，第3章の電流による磁場まで，磁気的な現象について話をすすめてきたが，磁場に関する単位系について，これまで意識的に触れずに過ごしてきた．これにはもちろん理由があって，単位系の話をする前に，電流による磁場の説明を終わっておきたかったのである．MKSA 単位系では，磁場に関する単位を決めるのに，静磁場を基本にするのではなく，むしろ電流による磁気現象を基本としているので，単位について話をする前にどうしても電流による磁場についての知識が必要だったのである．

磁気的な量の単位系を決めるための出発点として，磁束 Ψ をとることとしよう．式(3.49)より，明らかに $[\Psi]=\mathrm{J/A}$ であるが，磁束 Ψ に対しては特に Wb（weber）という単位を用いる．すなわち 1 Wb＝1 J/A である．実用上は Wb という単位は大きすぎることが多いので，mWb などを用いる．

磁束密度 $\boldsymbol{B}$ は，定義式(3.48)から明らかなように，単位断面積あたりの磁束であるから，その単位は $\mathrm{Wb/m^2}$ である．1 $\mathrm{Wb/m^2}$ のことを 1 T（tesla）とよぶ．CGS Gauss 単位系では，磁束密度の単位は G（gauss）であり，1 G＝10^{-4} T である．普通に現われる磁場に対しては，T は大きすぎることがあるので，G を用いることもある．

磁場 $\boldsymbol{H}$ の単位は Ampère の法則(3.20)をもとにして決める．この式によると，磁場の単位は A/m である．式(3.20)の右辺には，電流 I を線積分の閉曲線 C が何回巻いた(turn)かによって，その巻き数だけの係数がつくので，右辺の単位を A でなくて特に AT（ampere turn）とよぶこともあり，その場合磁場の単位は AT/m と表わされる．

磁荷 Q_{m} の単位は，1 A/m の磁場中においた磁荷にはたらく力が 1 N（newton）であるようにとる．すなわち，$[Q_{\mathrm{m}}]=\mathrm{N\cdot m/A}$．しかるに

$$\mathrm{N\cdot m/A} = \mathrm{J/A} = \mathrm{Wb}$$

であるから，結局，磁荷の単位は Wb である．

磁気モーメント $\boldsymbol{d}_{\mathrm{m}}$ の単位は，2-1節c項における定義から明らかなように，Wb·m である．

磁化ベクトル $\boldsymbol{M}$ は，式(2.10)に示されるように，単位体積当たりの磁気双極子モーメントであるから，その単位は $\mathrm{Wb/m^2}$ であり，これはもちろん，磁束密度の単位と同じである．

磁化率 χ_{m} は，定義式(2.11)により，$[\chi_{\mathrm{m}}]=\mathrm{Wb/(A \cdot m)}$ である．後述(第4章)のインダクタンスの単位 H(henry)＝Wb/A を用いると，$[\chi_{\mathrm{m}}]=\mathrm{H/m}$ である．透磁率 μ や真空の透磁率 μ_0 も，磁化率と単位は同じで，H/m である．

磁位 ϕ_{m} の単位は，式(2.6)により A（または AT）である．

4

電磁誘導

第3章で示したように，電流によって磁場が発生し，電気的現象と磁気的現象は無関係ではない．電流によって磁場が発生するのであれば，磁場によって電流が発生するということも起こっていいのではないかと考えられる．実際，磁場が変動することによって電流が生じる．この現象は電磁誘導とよばれる．この章では，電磁誘導に関する基礎方程式を与え，電磁誘導に関連する Lorentz 力について解説する．

4-1 電磁誘導法則

電流によって磁場が発生する．この逆の現象として，磁場の変化によって電流が発生する．これが電磁誘導現象である．この節では，電磁誘導現象を表わす基礎方程式を導く．

a) Faraday の電磁誘導法則

電流によって磁場が発生するという Oersted の発見(1820)から，当然のことながら，多くの科学者は，この逆の現象として，磁場によって電流が発生するのではないかと期待した．しかしながら，この単純な予想が正しくないことは，いくつかの実験によってすぐに明らかとなった.

例えば，M. Faraday は，図 4-1 に単純化して示してあるような回路を考えた．回路 A に電流が流れていると，そのまわりには磁場が存在する．もし磁場によって電流が発生するのであれば，回路 A のまわりに存在する磁場の影響で回路 B に電流が流れ，電流計の針が振れるのではないかと考えられる．しかしながら，実際に回路 A に電流を流してみても，そのようなことは起こらなかった.

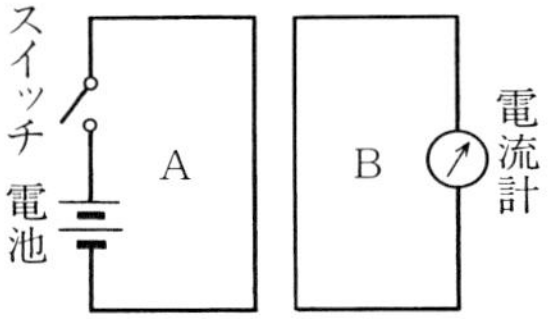

図 4-1 Faraday の実験.

したがって，前記の予想が間違っていることは明らかである．Faraday はしかし，実験中に起こった異常現象を見逃さなかった．すなわち，回路 A に電流を流しても回路 B の電流計の針は振れないのであるが，回路 A のスイッチを入れたり切ったりするときに，回路 B の電流計の針が瞬間的に振れることに気づいたのである．よく調べてみると，スイッチを入れたり切ったりするときだけでなく，一般に回路 A に流す電流の強度を変えるときに回路 B に電流が流れるということが分かった．Faraday は，この現象をさらにくわしく調べ，1831 年に学会で発表した．その内容を要約すると次のようになる.

(1) 2 つの回路の一方に流れる電流が変化するとき，他方の回路に電流が流れる.

(2) 2 つの回路の一方に定常電流を流しておき，2 つの回路を相対的に動かしたとき，他方の回路に電流が流れる.

(3) 1 つの回路を磁石に対して動かしたとき，この回路に電流が流れる.

これらの事実は，明らかに磁場の変化が電流の原因になっていることを示している．より定量的な分析をすすめることによって，Faraday は一連の実験結果が次のようにまとめられることを見いだした.

磁力線が回路をよぎると，回路には，そのよぎった磁力線の割合だけ起電力(電位差)が発生する．

この事実を**Faradayの電磁誘導法則**とよび，磁場の変動によって電流が発生する現象を**電磁誘導**(electromagnetic induction)とよぶ．

電磁誘導によって発生する起電力の向き(流れる電流の向き)がどちら向きであるかはH. F. Lenzによって見いだされ，**Lenzの法則**とよばれている．その内容は次のとおりである．

回路をよぎる磁力線が変化すると，その変化を妨げる方向に電流を流そうとする起電力が，回路内にはたらく．

Faradayの電磁誘導法則とLenzの法則をまとめると，次のようになる．

$$\phi = -\frac{d\Psi}{dt} \tag{4.1}$$

ただしϕは回路に生じた起電力(電位差)であり，Ψは回路をよぎる磁束である．

1つの回路に流れる電流が変動すると，電磁誘導によってもう1つの回路に電流が流れるという現象を考えてきたが，ある回路の電流が変動すると，その回路自身にも電磁誘導の影響が及ぶと考えられる．事実，回路に流れる電流が変動すると，その回路のまわりの磁場が変動し，それによってその回路に新たな電流が発生する．新たな電流の流れる向きは，Lenzの法則によって，もともと流れている電流が変化するのを妨げる向きである．このように，回路の電流が変動することによって，その回路に電流の変動を妨げる向きに新たな電流が流れる現象を**自己誘導**(self-induction)という．例えば，ある回路に流れる電流を切ろうとすると，自己誘導のために，それを妨げようとして回路にもっと電流が流れ，スイッチの接点で火花が飛ぶのはよく見られる現象である．

b) 電磁誘導法則の微分形

電磁誘導の式(4.1)は，Gaussの定理やAmpèreの法則の場合と同様に，微分形で表わすことができる．

図3-13に示した回路Cを考え，それを周縁とする曲面をSとする．回路Cをよぎる磁束をΨとし，磁束密度を$\boldsymbol{B}$とすると，式(3.48)で与えられるように

$$\Psi = \int_S \boldsymbol{B} \cdot d\boldsymbol{S} \tag{4.2}$$

である．

一方，回路 C に生じた起電力 ϕ を，回路中の電場を用いて表わそう．ところで，起電力 ϕ の定義をまだ与えていなかった．起電力とは，回路内のどこかで電位を持ち上げて，回路中に電場を発生する作用のことをいう．この電場によって回路中の電荷の移動が起こるので，電流が流れるのである．起電力のよく知られた例は電池である．回路につながれた電池は，回路に電位差を発生し，このため回路に電流が流れる．

起電力は，電位差を生じる作用であるから，電位差(電圧)と同じ単位ボルト V で測られる．起電力を，回路をその上のある点で切断したときの，その両端の間の電位差として定義する．切断した点の一方を P_1，もう一方を P_2 とよぶことにすると，起電力 ϕ は式(1.21)の電位差と同じようにして定義することができ

$$\phi(\mathrm{P}_1) - \phi(\mathrm{P}_2) = \int_{\mathrm{P}_1}^{\mathrm{P}_2} \boldsymbol{E} \cdot d\boldsymbol{l} \tag{4.3}$$

ここで，$\boldsymbol{E}$ は，回路中に発生した電場である．P_1 と P_2 は実際は同一点だから，結局，起電力 ϕ は，回路 C についての次の周回積分で与えられることがわかる．

$$\phi = \int_C \boldsymbol{E} \cdot d\boldsymbol{l} \tag{4.4}$$

ここで，式(4.3)や(4.4)は起電力の定義であって，静電場のときのようにして導いたものではないことに注意する必要がある．静電場は，式(1.18)に示されるように，回転がゼロだから，式(1.17)のように，電位(静電ポテンシャル)の勾配の形で表わすことができ，式(1.21)を導くことができた．式(4.3)や(4.4)にあらわれる電場は，静電場のような条件を満たさないので，一般には電位の勾配の形で表わせない．だから，式(4.4)の右辺はゼロではないのである．式(4.2)と(4.4)を式(4.1)に代入すると

$$\int_C \boldsymbol{E}\cdot d\boldsymbol{l} = -\int_S \frac{\partial \boldsymbol{B}}{\partial t}\cdot d\boldsymbol{S} \tag{4.5}$$

を得る．ここで，曲面 S は時間変化しないものとする．Stokes の定理により，式(4.5)の左辺は

$$\int_C \boldsymbol{E}\cdot d\boldsymbol{l} = \int_S (\mathrm{rot}\, \boldsymbol{E})\cdot d\boldsymbol{S}$$

であるから，式(4.5)は

$$\int_S \left(\mathrm{rot}\, \boldsymbol{E} + \frac{\partial \boldsymbol{B}}{\partial t}\right)\cdot d\boldsymbol{S} = 0 \tag{4.6}$$

と書ける．曲面 S は任意なのだから，

$$\mathrm{rot}\, \boldsymbol{E} + \frac{\partial \boldsymbol{B}}{\partial t} = 0 \tag{4.7}$$

となる．式(4.7)が，電磁誘導法則の微分形である．この式は，磁束密度 $\boldsymbol{B}$ の時間変化を与えて，それによって生じた電場 $\boldsymbol{E}$ を求める微分方程式とみなすことができる．もちろん，それを解くためには，適当な境界条件を与える必要がある．

4-2 Lorentz 力

3-5 節では，磁場中の電流にはたらく力という立場から，Lorentz 力を導いた．本節では，電磁誘導の立場から，同じ Lorentz 力が導けることを示そう．

a) Lorentz 力の導出

電磁誘導現象は，回路をよぎる磁束が時間変化することによって回路に電流が流れるという現象であるが，その起こり方として次の 2 通りが考えられる．

(1) 回路は固定していて，回路をよぎる磁束そのものが時間変化をする．

(2) 磁束は時間変化しないのであるが，回路が運動するために回路をよぎる磁束が時間変化をする．

ここでは，上記(2)の場合を考えてみよう．

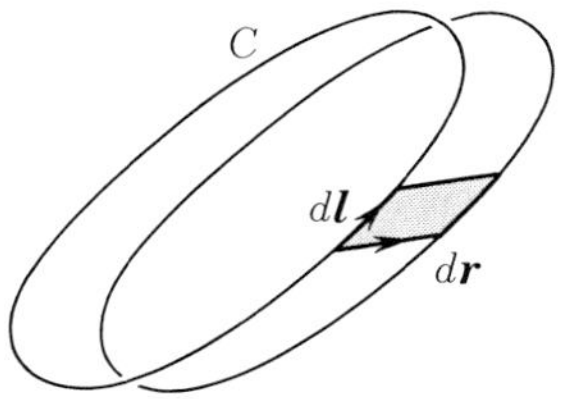

図 4-2　外部磁場の下で運動する回路 C.

ある外部磁場 $\boldsymbol{B}$ の下で，図 4-2 に示すように，回路 C を形を変えずに $d\boldsymbol{r}$ だけ動かしたとする．この変位で回路の微小部分 $d\boldsymbol{l}$ がおおう面積は

$$|d\boldsymbol{r}\times d\boldsymbol{l}|$$

である．だから，この部分をよぎる磁束は $\boldsymbol{B}\cdot(d\boldsymbol{r}\times d\boldsymbol{l})$ である．したがって，回路 C の変位による磁束の変化分 $d\Psi$ は

$$d\Psi = \int_C \boldsymbol{B}\cdot(d\boldsymbol{r}\times d\boldsymbol{l}) \tag{4.8}$$

である．$\boldsymbol{B}$ も $d\boldsymbol{l}$ も時間変化しないのであるから

$$\frac{d\Psi}{dt} = \int_C \boldsymbol{B}\cdot\left(\frac{d\boldsymbol{r}}{dt}\times d\boldsymbol{l}\right) \tag{4.9}$$

ここで

$$\frac{d\boldsymbol{r}}{dt} \equiv \boldsymbol{v} \tag{4.10}$$

は回路 C の動く速度である．式(4.9)と式(4.1)を用いると

$$\phi = \int_C (\boldsymbol{v}\times\boldsymbol{B})\cdot d\boldsymbol{l} \tag{4.11}$$

を得る．ここで，ベクトル解析の公式

$$\boldsymbol{A}\cdot(\boldsymbol{B}\times\boldsymbol{C}) = \boldsymbol{B}\cdot(\boldsymbol{C}\times\boldsymbol{A}) = \boldsymbol{C}\cdot(\boldsymbol{A}\times\boldsymbol{B})$$

を用いた．

式(4.11)により次のことがわかる．すなわち，磁束密度 $\boldsymbol{B}$ の磁場に対して回路 C を速度 $\boldsymbol{v}$ で動かすと，回路 C の単位長さ当たり $|\boldsymbol{v}\times\boldsymbol{B}|$ で与えられる起電力が発生する．この起電力の向きは $\boldsymbol{v}\times\boldsymbol{B}$ の方向であり，$\boldsymbol{v}$ と $\boldsymbol{B}$ と起電力の向きの関係は図 4-3 に示すようになる．図 4-3 で示されるような関係を

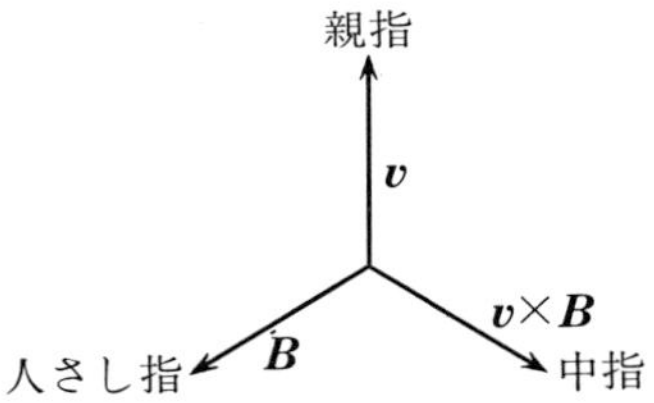

図 4-3 Fleming の右手の法則.

Fleming の右手の法則とよんでいる.

回路に発生した電場を $\boldsymbol{E}$ とすると，起電力(電位差) ϕ は式(4.4)により

$$\phi = \int_C \boldsymbol{E}\cdot d\boldsymbol{l}$$

であり，回路 C は任意であるから，式(4.11)より

$$\boldsymbol{E} = \boldsymbol{v}\times\boldsymbol{B} \tag{4.12}$$

が得られる．すなわち，回路 C が磁束密度 $\boldsymbol{B}$ の磁場中を移動することによって，回路中に電場 $\boldsymbol{v}\times\boldsymbol{B}$ が発生したとみなすことができる.

回路 C は導体でできており，その中にはたくさんの自由電子が存在する．回路 C が磁場中を動くことによって，回路中に式(4.12)で与えられる電場が発生するので，1つ1つの電子には $-e\boldsymbol{E}=-e\boldsymbol{v}\times\boldsymbol{B}$ の力がはたらくことになり，これが，回路中に電流が流れる原因となるのである.

以上の考察から，一般に，電荷 Q の荷電粒子が，磁束密度 $\boldsymbol{B}$ の磁場中を速度 $\boldsymbol{v}$ で走ると，力

$$\boldsymbol{F} = Q\boldsymbol{v}\times\boldsymbol{B}$$

がはたらくことが分かる．これは，3-5 節で説明した Lorentz 力に他ならない.

b） 一様磁場中での電子の運動

前項で導いた Lorentz 力をもとにして，一様な磁場の中を走る電子の運動がどうなるかを調べてみよう．磁束密度 $\boldsymbol{B}$ の一様磁場中を，質量が m で電荷が $-e$ の電子が，速度 $\boldsymbol{v}$ で運動するとき，この電子に対する運動方程式は

$$m\frac{d\boldsymbol{v}}{dt} = -e\boldsymbol{v}\times\boldsymbol{B} \tag{4.13}$$

である.

Lorentz 力は，磁場の方向と運動の方向に対して垂直にはたらくから，電子に加わる加速度も，式(4.13)から明らかなように，磁場の方向と運動の方向に対して垂直である．いま，磁場の方向を z 軸方向にとり（z 軸方向の単位ベクトルを $\boldsymbol{e}_z$ とする）

$$\boldsymbol{B} = B\boldsymbol{e}_z = (0,\ 0,\ B) \tag{4.14}$$

とおけば，運動方程式(4.13)により

$$\boldsymbol{v}\cdot\frac{d\boldsymbol{v}}{dt} = 0, \qquad \boldsymbol{e}_z\cdot\frac{d\boldsymbol{v}}{dt} = 0 \tag{4.15}$$

を得る．したがって

$$\boldsymbol{v}^2 = \text{const.}, \qquad v_z = \text{const.} \tag{4.16}$$

である．式(4.16)から，電子の運動は，z 軸にそったラセン運動であることが容易に推測できる．

速度 $\boldsymbol{v}$ の x, y 成分を求めるため，運動方程式(4.13)を具体的に書き下すと

$$\frac{dv_x}{dt} = -\omega v_y, \qquad \frac{dv_y}{dt} = \omega v_x \tag{4.17}$$

となる．ただし，ω は定数 e, m, B できまる定数で

$$\omega = \frac{eB}{m} \tag{4.18}$$

で与えられる．式(4.17)は，v_x と v_y に対する連立微分方程式で，これを書き換えると

$$\frac{d^2v_x}{dt^2} + \omega^2 v_x = 0 \tag{4.19}$$

となる．v_y についても同じ式が得られる．式(4.19)は単振動の方程式であるから，その解はよく知られていて

$$v_x = a\cos\omega t + b\sin\omega t \tag{4.20}$$

である．ここで，a と b は積分定数である．v_y は，式(4.17)を用いて式(4.20)の v_x から求まり，

$$v_y = a\sin\omega t - b\cos\omega t \tag{4.21}$$

となる．電子は初速度

$$\boldsymbol{v}_0 = (v_{x0},\ v_{y0},\ v_{z0}) \tag{4.22}$$

で入射したものとすれば，初期条件から，定数 a, b および式(4.16)の const. は決まって，

$$\begin{aligned} v_x &= v_{x0}\cos\omega t - v_{y0}\sin\omega t \\ v_y &= v_{x0}\sin\omega t + v_{y0}\cos\omega t \\ v_z &= v_{z0} \end{aligned} \tag{4.23}$$

を得る．これを積分すると

$$\begin{aligned} x &= \frac{v_{x0}}{\omega}\sin\omega t + \frac{v_{y0}}{\omega}\cos\omega t + x_0 \\ y &= -\frac{v_{x0}}{\omega}\cos\omega t + \frac{v_{y0}}{\omega}\sin\omega t + y_0 \\ z &= v_{z0}t + z_0 \end{aligned} \tag{4.24}$$

となる．ここで (x_0, y_0, z_0) は $t=0$ での電子の位置座標である．式(4.24)が電子の運動の軌跡を与える式である．この式から，電子の x, y 座標は円の方程式

$$(x-x_0)^2 + (y-y_0)^2 = \frac{v_{x0}{}^2 + v_{y0}{}^2}{\omega^2} \tag{4.25}$$

を満たしていることを示すことができる．したがって，電子の軌道の (x, y) 平面への射影は円になる．式(4.24)から，z 軸方向の運動は等速直線運動であるから，結局，電子の運動は，図 4-4 に示すような z 軸にそったラセン運動であることがわかる．特に電子が z 軸にそって入射した場合は，$v_{x0} = v_{y0} = 0$ であるから，z 軸方向にそのまま直線運動をする．また，電子が (x, y) 平面にそって入射した場合は，$v_{x0} = 0$ であるから，(x, y) 平面上で円運動をする．

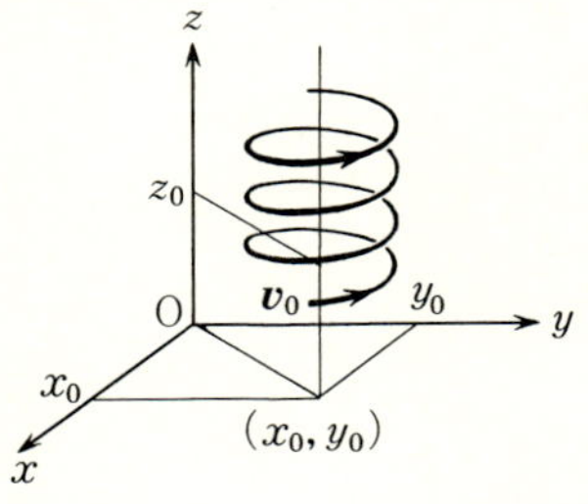

図 4-4 一様磁場中での電子の運動．

ここでみたように，一様磁場中の電子はラセン運動をするので，その曲率を測れば質量を知ることができる．なぜなら，曲率を測るということは，(x, y)平面上の円運動の半径を測ることであり，その半径は式(4.25)により

$$\frac{\sqrt{v_{x0}{}^2+v_{y0}{}^2}}{\omega}$$

で与えられることがわかっている．ここで，v_{x0} と v_{y0} は既知の初速度であり，また，ω は式(4.18)で与えられるものであり，B は既知の磁場であるから，円の半径がわかることによって，電子の e/m がわかる．もし，電子の電荷 $-e$ が別の方法でわかっておれば，結局電子の質量 m がわかることになる．

このように，磁場をかけることによって荷電粒子の質量を測定するという方法は，実際に素粒子実験などで広く用いられている．また，電子ビームに磁場をかけるとビームは方向を変えるから，磁場を変動させることによってビームの方向を自由に調節することができる．この原理を用いて電子ビームを操作し，蛍光面にそのビームをあてて画像を描くのが Braun 管である．

4-3 インダクタンス

図 4-5 に示すように，真空中に 2 つの閉回路 C_1, C_2 がおかれているとしよう．閉回路 C_1 に電流 I_1 を流すと，3-2 節で述べたように，そのまわりに磁場が発生する．この磁場による磁束で閉回路 C_2 を貫くものを Ψ_{21} とすると，定義式(3.48)より

$$\Psi_{21} = \int_{S_2} \boldsymbol{B}\cdot d\boldsymbol{S}_2 = \int_{C_2} \boldsymbol{A}\cdot d\boldsymbol{l}_2 \tag{4.26}$$

である．ここで，S_2 は C_2 を周縁とする閉曲面である．電流 I_1 によって閉回路 C_2 上の点 Q に生じる磁場のベクトルポテンシャル $\boldsymbol{A}$ は，式(3.37)により求めることができて

$$\boldsymbol{A}(\boldsymbol{r}_2) = \frac{\mu_0 I_1}{4\pi}\int_{C_1} \frac{d\boldsymbol{l}_1}{r_{12}} \tag{4.27}$$

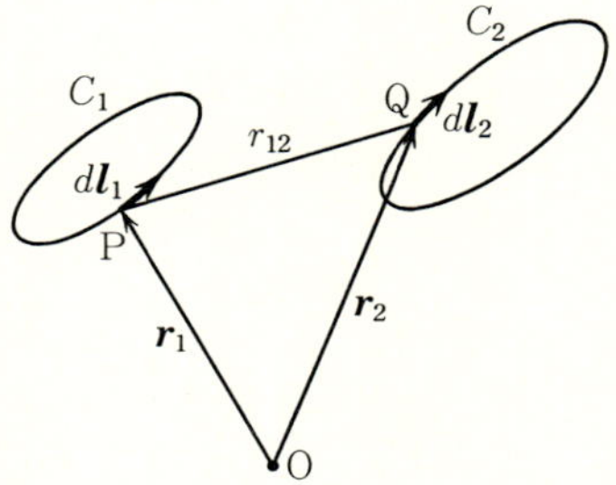

図 4-5 定常電流の流れる 2 つの閉回路の間の相互インダクタンス．

となる．ここで，r_{12} は図 4-5 における 2 点 P, Q 間の距離である．式(4.27)を(4.26)に代入すると，

$$\Psi_{21} = L_{21} I_1 \tag{4.28}$$

を得る．ここで

$$L_{21} = \frac{\mu_0}{4\pi}\int_{C_1}\int_{C_2}\frac{d\boldsymbol{l}_1 \cdot d\boldsymbol{l}_2}{r_{12}} \tag{4.29}$$

である．式(4.28)および(4.29)から次のことがわかる．すなわち，閉回路 C_1 を流れる電流 I_1 によって生じた磁束のうち，閉回路 C_2 をよぎるもの Ψ_{21} は，電流 I_1 に比例し，その比例定数 L_{21} は式(4.29)から分かるように閉回路 C_1, C_2 の形状のみによって決まる．比例定数 L_{21} は**相互インダクタンス**(inductance)とよばれ，これに対する式(4.29)は F. E. Neumann によって導かれたので，**Neumann の公式**とよばれている．インダクタンスの単位は，式(4.28)から明らかなように，Wb/A であるが，これを特に H (henry)とよぶ．

さて，電流 I_1 が変動すると磁束 Ψ_{21} も変動し，電磁誘導によって閉回路 C_2 に起電力

$$\phi_2 = -\frac{d\Psi_{21}}{dt} = -L_{21}\frac{dI_1}{dt} \tag{4.30}$$

を生じる．この式をみればわかるように，2 つの離れた閉回路 C_1, C_2 の一方 C_1 に変動電流を流したとき，電磁誘導によって他方 C_2 にどれくらいの起電力が生じるかの目安を与えてくれる量が L_{21} になっている．だから，L_{21} のことを相互インダクタンスというのである．

閉回路 C_1 に変動電流 I_1 が流れると，それによって生じた磁束の変動のために，自分自身 C_1 にも起電力が生じる．この起電力は，C_1 を貫く磁束 $\boldsymbol{\Psi}_{11}$ から求まる．磁束 $\boldsymbol{\Psi}_{11}$ は，式(4.28)で，C_2 を C_1 に同一視することによって得られると考えられ，次の式を得る．

$$\boldsymbol{\Psi}_{11} = L_{11} I_1 \tag{4.31}$$

ここで，

$$L_{11} = \frac{\mu_0}{4\pi}\int_{C_1}\int_{C_1}\frac{d\boldsymbol{l}_1 \cdot d\boldsymbol{l}_1{}'}{r_{11}} \tag{4.32}$$

である．式(4.32)の線積分は，閉回路 C_1 上に2点P, Qをとって行なうもので，$d\boldsymbol{l}_1$ は点Pにおける線素，$d\boldsymbol{l}_1{}'$ は点Qにおける線素である．また，r_{11} はPQ間の距離である．式(4.31)の比例定数 L_{11} を**自己インダクタンス**という．

式(4.32)は，じつは数学的には無意味である．なぜかというと，積分の途中で点Pと点Qが一致することがあり，このとき $r_{11}=0$ となるため，式(4.32)は対数的に発散する．これは，導線の太さを無視したために起こったことで，導線の太さまで考慮した計算をすれば有限の答を得ることができる．

インダクタンスという量は，交流回路などでひんぱんに現われるもので，応用上たいへん有用である．この本では，これ以上立ち入ることはせず，定義のみに止めることとする．

一般に，閉回路 $C_1, C_2, C_3, \cdots, C_N$ があったとし，それぞれ電流 $I_1, I_2, I_3, \cdots, I_N$ が流れているものとする．閉回路 C_j を流れる電流 I_j によって生じた磁束で，閉回路 C_i を貫くもの $\boldsymbol{\Psi}_{ij}$ は

$$\boldsymbol{\Psi}_{ij} = L_{ij} I_j \tag{4.33}$$

で与えられる．ここで，L_{ij} はインダクタンスである．このような磁束によって蓄えられる磁場のエネルギー U_{m} は，式(3.49)を拡張することによって

$$U_{\mathrm{m}} = \frac{1}{2}\sum_{i,j=1}^{N} I_i \boldsymbol{\Psi}_{ij} = \frac{1}{2}\sum_{i,j=1}^{N} L_{ij} I_i I_j \tag{4.34}$$

となることを示すことができる．

5

電磁場の基礎方程式

静止した電場と静止した磁場は互いに独立したもので，それぞれ静電場の理論と静磁場の理論で記述することができる．静電場と静磁場の理論は，似てはいるものの，全く別のものである．

しかし，いったん電場が動き出すと磁場が発生するし，磁場が動くと電場が生じる．動的現象まで含めて電場と磁場を記述しようとすると，電場と磁場を切り離して理論をつくることはできない．

電場と磁場の統一理論をつくることによって，初めて電気と磁気の全ての現象を記述する正しい理論が得られる．

この章では，これまでに得られた電磁場の基礎方程式をまとめることによって，Maxwell 理論を導き，その理論的構造を調べる．

5-1 Maxwell 方程式

これまでにみてきたあらゆる電磁気現象をもういちど概観し，これらの現象から抽出された実験式をまとめる．これらの実験式に対応する微分方程式が，全ての電磁気現象を記述する基礎方程式であり，Maxwell 方程式とよばれるものである．

a） 電磁気現象を記述する諸方程式

これまで，静電磁気現象として，静電気現象と静磁気現象をしらべ，動電磁気現象として，電流による磁場の発生現象と磁場による電流の発生現象をみてきた．これらの現象を記述する基礎となる方程式について，以下でまとめることにしよう．

静電気現象はCoulomb力によって支配されており，基本的にはCoulomb力を用いてどんな現象も記述することができる．しかしながら，真空中の現象から不均質非等方媒質中の現象にわたる一般論を展開する上では，Coulomb力を直接扱う方法に執着するのはあまり利口だとはいえない．Coulomb力を扱うのと同等であるが，より一般性をもったGaussの定理を用いるのが妥当であろう．第1章でみたように，Gaussの定理は電気変位 $\boldsymbol{D}$ に対して

$$\int_S \boldsymbol{D}\cdot d\boldsymbol{S} = Q \tag{1.41}$$

で与えられる．ここで，Q は閉曲面 S でかこまれる全電荷である．電気変位 $\boldsymbol{D}$ は，外部電場 $\boldsymbol{E}$ および分極ベクトル $\boldsymbol{P}$ と

$$\boldsymbol{D} = \varepsilon_0\boldsymbol{E}+\boldsymbol{P} \tag{1.39}$$

の関係にある．特に，あまり強くない電場の下では，均質等方媒質に対して

$$\boldsymbol{D} = \varepsilon\boldsymbol{E}, \qquad \varepsilon = \varepsilon_0+\chi \tag{1.42}$$

が成り立つ．

Gaussの定理(1.41)は，それと同等な微分方程式の形で表わすことができ，次のようになる．

$$\mathrm{div}\,\boldsymbol{D} = \rho \tag{1.40}$$

ここで，ρ は電荷密度で，全電荷 Q と

$$Q = \int_V \rho(\boldsymbol{r})dv \tag{1.14}$$

の関係にある．

静電場に対しては，もう1つ条件があった．静電場 $\boldsymbol{E}$ は，静電ポテンシャ

ル ϕ を用いて式(1.17)のように勾配の形にいつも書けるという条件である．この条件は，電場 $\boldsymbol{E}$ に回転がないという式で表わすことができる．これは，微分方程式の形で

$$\mathrm{rot}\,\boldsymbol{E} = 0 \tag{1.18}$$

となる．

静磁気現象も静電場同様に Coulomb 力で支配されているということができるが，静電場の場合とは基本的に違った点がある．静電場の場合に単独の電荷が存在したのに対して，静磁場の場合は磁気単極子というものが存在しない．したがって，式(1.41)に対応する Gauss の定理は

$$\int_S \boldsymbol{B}\cdot d\boldsymbol{S} = 0 \tag{2.15}$$

となる．磁束密度 $\boldsymbol{B}$ は，外部磁場 $\boldsymbol{H}$ および磁化ベクトル $\boldsymbol{M}$ と

$$\boldsymbol{B} = \mu_0\boldsymbol{H} + \boldsymbol{M} \tag{2.13}$$

の関係にある．特に，磁場があまり強くないときは，均質等方媒質に対して

$$\boldsymbol{B} = \mu\boldsymbol{H}, \qquad \mu = \mu_0 + \chi_{\mathrm{m}} \tag{2.16}$$

が成り立つ．Gauss の定理の微分形は

$$\mathrm{div}\,\boldsymbol{B} = 0 \tag{2.14}$$

である．静磁場も，電流が存在しないときは，回転がないという条件を満たしており

$$\mathrm{rot}\,\boldsymbol{H} = 0 \tag{2.5}$$

が成り立つ．

電荷の流れ，すなわち電流，によって磁場が発生する．電荷は電場を伴うのであるから，電場の移動が磁場を発生しているといってもよい．真空中の導線を流れる電流 I による磁場 $\boldsymbol{H}$ は，実験的に Biot-Savart の法則(3.10)によって与えられることがわかっている．この実験事実は，もっと一般的な電流分布に対しても拡張することができる．そのためには，Biot-Savart の法則の形よりは，Ampère の法則の形のほうが扱いやすい．閉回路 C を定常電流 I が流れるとき，それによって発生する磁場 $\boldsymbol{H}$ は

$$\int_C \boldsymbol{H} \cdot d\boldsymbol{l} = I \tag{3.20}$$

を満たすというのが，Ampère の法則であった．式(3.20)の微分形は

$$\mathrm{rot}\, \boldsymbol{H} = \boldsymbol{j} \tag{3.24}$$

である．ここで，$\boldsymbol{j}$ は電流密度である．

電流が定常的でなく，時間的に変動する場合は，式(3.24)はさらに一般化して

$$\mathrm{rot}\, \boldsymbol{H} = \boldsymbol{j} + \frac{\partial \boldsymbol{D}}{\partial t} \tag{3.29}$$

としなければならない．式(3.29)の右辺第 2 項は，変位電流とよばれるものである．

電流は電荷の流れであるから，保存則

$$\mathrm{div}\, \boldsymbol{j} + \frac{\partial \rho}{\partial t} = 0 \tag{3.3}$$

が満たされねばならない．

磁場の変動によって閉回路に電流が流れる．この電磁誘導現象は，実験式(4.1)によって記述される．式(4.1)の微分形は

$$\mathrm{rot}\, \boldsymbol{E} + \frac{\partial \boldsymbol{B}}{\partial t} = 0 \tag{4.7}$$

である．

磁場の中を荷電粒子が走るときにはたらく Lorentz 力は，本来，電流が磁場から受ける力という観点，または電磁誘導の観点から導かれるものである．しかしながら，実用上は Lorentz 力があたかも与えられたものであるかのように扱って，運動方程式をたてたほうが便利である．電荷 Q の荷電粒子が，磁束密度 $\boldsymbol{B}$ の磁場と電場 $\boldsymbol{E}$ の中を，速度 $\boldsymbol{v}$ で走るとき，この粒子にはたらく力 $\boldsymbol{F}$ は

$$\boldsymbol{F} = Q(\boldsymbol{E} + \boldsymbol{v} \times \boldsymbol{B}) \tag{3.43}$$

である．

結局，これまでにみてきた全ての電磁気現象を記述するのに必要な式は，(1.40),(1.18),(2.14),(2.5),(3.24),(3.29),(3.3),(4.7)であると考えられる．補助的な式として，もちろん式(3.43)も必要であるが，電磁気現象の基礎方程式という立場から考えるときは除外すべきである．上の諸方程式のうち，(1.18)は(4.7)で $\boldsymbol{B}=\mathrm{const.}$ の場合と考えることができるから，式(4.7)に含まれるとしてよい．また，式(2.5)は(3.24)で $\boldsymbol{j}=0$ の場合と考えられ，(3.24)も(3.29)の特別な場合と考えられる．

電荷の保存則(3.3)は，(1.40)と(3.29)から自動的に保証されている．実際，式(1.40)の両辺の時間微分をとると

$$\frac{\partial\rho}{\partial t}=\mathrm{div}\,\frac{\partial\boldsymbol{D}}{\partial t}$$

であり，他方，式(3.29)の発散をとると，ベクトルの恒等式 $\mathrm{div\,rot}=0$ により

$$\mathrm{div}\,\boldsymbol{j}+\mathrm{div}\,\frac{\partial\boldsymbol{D}}{\partial t}=0$$

であるから，これらの式から電荷の保存則(3.3)が導かれる．

以上をまとめると，これまでにみてきた全ての電磁気現象を記述するための方程式としては，(1.40),(2.14),(3.29),(4.7)で十分であることがわかる．

b） Maxwell 理論

前項でみたように，これまでにみてきた全ての電磁気現象は，式(1.40),(2.14),(3.29),(4.7)の 4 つの方程式によって，完全に記述することができる．これらの方程式は，実験事実をもとにして導き出されたものであり，自然現象とは無関係に論理的考察のみによって得られたものではないことはいうまでもない．

4 つの基礎的な方程式をもういちど書き下すと次のようになる．

$$\mathrm{div}\,\boldsymbol{D}=\rho \tag{5.1}$$

$$\mathrm{div}\,\boldsymbol{B}=0 \tag{5.2}$$

$$\mathrm{rot}\,\boldsymbol{H}-\frac{\partial\boldsymbol{D}}{\partial t}=\boldsymbol{j} \tag{5.3}$$

$$\mathrm{rot}\,\boldsymbol{E}+\frac{\partial\boldsymbol{B}}{\partial t}=0 \tag{5.4}$$

ここで，$\boldsymbol{D}$ は電気変位，$\boldsymbol{B}$ は磁束密度，$\boldsymbol{H}$ は磁場，$\boldsymbol{E}$ は電場を表わし，ρ は電荷密度，$\boldsymbol{j}$ は電流密度を表わす．均質等方媒質中では，誘電率を ε，透磁率を μ とすると，$\boldsymbol{D}=\varepsilon\boldsymbol{E}$，$\boldsymbol{B}=\mu\boldsymbol{H}$ である．この場合，ρ と $\boldsymbol{j}$ を与えれば，これらの式は，$\boldsymbol{E}$ と $\boldsymbol{H}$ に対する連立線形偏微分方程式となる．

電磁気現象を統一的に表わす基礎方程式を求めようという試みは，歴史的には，Faraday の電磁誘導に関する実験的研究にさかのぼる．Faraday の研究に数学的表現を与えようとしたのは，たぶん W. Thomson(Lord Kelvin)が最初であろう．Thomson の研究自体は不完全なものであったが，Maxwell は彼のアドバイスを受け，Faraday の研究を詳しく検討した．これにもとづいて，Maxwell は，1855 年から 1864 年にかけて一連の論文を発表し，電磁場の基礎方程式(5.1)～(5.4)に到達したのである．Maxwell は，彼の電磁気学理論を集大成して，1873 年に，著書 *A Treatise on Electricity and Magnetism* を公刊した．式(5.1)～(5.4)は，まとめて **Maxwell 方程式**とよばれる．また，電磁気現象を Maxwell 方程式をもとにして記述する理論を **Maxwell 理論**という．

Maxwell 方程式(5.1)～(5.4)で，$\rho=0$ かつ $\boldsymbol{j}=0$ の場合を考え，このときの解を，$\boldsymbol{E}_0, \boldsymbol{H}_0, \boldsymbol{D}_0, \boldsymbol{B}_0$ と書くことにする．$\rho\neq 0$ かつ $\boldsymbol{j}\neq 0$ の場合の解 $\boldsymbol{E}, \boldsymbol{H}, \boldsymbol{D}, \boldsymbol{B}$ に対して，$\boldsymbol{E}+\boldsymbol{E}_0$，$\boldsymbol{H}+\boldsymbol{H}_0$，$\boldsymbol{D}+\boldsymbol{D}_0$，$\boldsymbol{B}+\boldsymbol{B}_0$ もまた解であることは，すぐに示すことができる．したがって，Maxwell 方程式の解は，$\boldsymbol{E}_0, \boldsymbol{H}_0, \boldsymbol{D}_0, \boldsymbol{B}_0$ のぶんだけ任意性がある．これは当然であって，微分方程式(5.1)～(5.4)のみを与えただけでは，物理的な状況を完全に指定したことにはなっていなくて，境界条件とよばれる付帯条件を別途与えなければ，この任意性は除けない．実際の電磁気的な問題を解くためには，この境界条件が正しく与えられねばならない．

Maxwell 理論は Maxwell 方程式にもとづいており，その Maxwell 方程式は，前項でまとめたように，4 つの電磁気現象に対する実験事実から，数学的定式化をへて導かれたものである．逆に，これまでに述べてきた全ての電磁気現象は，Maxwell 理論によって正しく再現されている．したがって，

Maxwell 理論は，あらゆる電磁気現象を記述する正しい理論であると考えられる．いったん，Maxwell 理論を正しいものとして受け入れ，電磁気学の基礎として採用すれば，Maxwell 理論から導かれるどんな新たな結論も，自然界で実現していると考えねばならない．

Maxwell 理論が完成したことによって，新たに目の前に浮かび上がってくる事実のうち，重要なものが 3 つある．その第 1 は電磁波の存在に対する予言である．Maxwell は，彼の論文の中で，電磁気的な波動，すなわち電磁波，が真空中を伝播する可能性があること，その伝播速度は光の速度と一致すること，について述べている．この予言はすぐには一般に受け入れられなかったものの，それを実験的に証明しようと試みた物理学者もあった．しかしながら，電波の存在を示す実験はどれも成功には至らなかった．Maxwell の死後 10 年経った 1888 年になってようやく，Hertz が電波の存在を実証する実験に成功し，Maxwell 理論への信頼が一挙に高まるとともに，その新たな応用の途が開けたのである．電磁波については，第 6 章でくわしく述べることとする．

第 2 の重要な結論は，Maxwell 理論の相対論的不変性である．A. Einstein は，運動物体の電気力学を考察することによって，1905 年，彼の有名な特殊相対性理論に到達した．彼は，Maxwell 理論に内在する相対論的不変性を見抜くことによって，特殊相対性理論という枠組みの存在に気づいたのである．Maxwell 理論の相対論的不変性については，第 7 章で論ずることとしよう．

第 3 の重要な結論は，Maxwell 理論のゲージ不変性とその拡張である．Maxwell 理論には，Abel ゲージ不変性というものが内在している(5-3 節参照)．これは，Abel 群(可換群)の変換の下で，理論が不変であるということである．逆に，Abel ゲージ不変性を示す理論は Maxwell 理論しかないことを示すことができる(第 9 章参照)．したがって，電磁気学は，Abel ゲージ不変性という原理(**ゲージ原理**)から一意的に導くことができる．このことをさらに拡張して，Abel 群以外の群をもとにしたゲージ原理から導かれる理論を求めることができる．今日では，自然界の基本的な理論はすべて，ゲージ原理に基づいて導かれるものであると考えられている．ゲージ原理から導かれる場の理論のことを**ゲージ場の理論**とよぶ．第9章で，ゲージ場の理論について，簡単な紹介をしよう．

5-2 電磁場のポテンシャル

均質等方媒質中で電荷と電流の分布が与えられれば，Maxwell 方程式を適当な境界条件の下で解くことによって，電場 $\boldsymbol{E}$ と磁場 $\boldsymbol{H}$ が求まる．しかしながら，電場と磁場を直接求めるのは，一般にはやっかいで，以下で述べるポテンシャル $\phi, \boldsymbol{A}$ を用いたほうが，はるかに簡単な場合が多い．それだけでなく，ポテンシャルを用いる効用として，もっと大切なことがある．すなわち，ポテンシャルを使うと理論の見通しがずっとよくなり，理論の相対論的不変性を議論したり，電磁気学をゲージ場の理論として見直したりするのに，たいへん都合がよくなるのである．

Maxwell 方程式の中の(5.2)によれば，磁束密度 $\boldsymbol{B}$ は

$$\boldsymbol{B} = \mathrm{rot}\,\boldsymbol{A} \tag{5.5}$$

とおけることがわかる．ここで，$\boldsymbol{A}$ は適当なベクトル関数で，3-4 節ですでに現われたベクトルポテンシャルとよばれる量である．式(5.5)を電磁誘導の式(5.4)に代入すると

$$\mathrm{rot}\left(\boldsymbol{E}+\frac{\partial \boldsymbol{A}}{\partial t}\right) = 0 \tag{5.6}$$

を得る．ベクトル解析の公式 rot grad＝0 を考慮すると，適当な関数 ϕ を用いて

$$\boldsymbol{E} = -\mathrm{grad}\,\phi-\frac{\partial \boldsymbol{A}}{\partial t} \tag{5.7}$$

と書けることがわかる．ここで，右辺第1項のマイナス符号は，後の便宜のためにつけたものである．静電磁気現象では，磁場の時間変化はないので，式(5.7)で $\boldsymbol{A}$ の時間微分の項はゼロである．だから，静電磁気現象に対しては，ϕ は 1-1 節 f 項で現われた静電ポテンシャル(電位)と一致する．式(5.7)で定

義されるϕは，静電ポテンシャルを，磁場の時間変化がある場合も含むように一般化したものだと考えられる．ポテンシャルϕは，ベクトルポテンシャルと区別するために，スカラーポテンシャルとよばれる．

Maxwell 方程式のうち，まだ使っていない式，すなわち(5.1)と(5.3)は，均質等方媒質中では

$$\varepsilon\,\mathrm{div}\,\boldsymbol{E} = \rho \tag{5.8}$$

$$\mathrm{rot}\,\boldsymbol{H} - \varepsilon\frac{\partial \boldsymbol{E}}{\partial t} = \boldsymbol{j} \tag{5.9}$$

となる．いま，ポテンシャルの式(5.5)と(5.7)を，式(5.8)と(5.9)に代入し，ベクトル解析の式

$$\mathrm{div}\,\mathrm{grad} = \Delta, \qquad \mathrm{rot}\,\mathrm{rot}\,\boldsymbol{A} = \mathrm{grad}(\mathrm{div}\,\boldsymbol{A}) - \Delta\boldsymbol{A}$$

を使うと，

$$\Delta\phi + \frac{\partial}{\partial t}\mathrm{div}\,\boldsymbol{A} = -\frac{1}{\varepsilon}\rho \tag{5.10}$$

$$\Delta\boldsymbol{A} - \varepsilon\mu\frac{\partial^2 \boldsymbol{A}}{\partial t^2} - \mathrm{grad}\left(\varepsilon\mu\frac{\partial\phi}{\partial t} + \mathrm{div}\,\boldsymbol{A}\right) = -\mu\boldsymbol{j} \tag{5.11}$$

が得られる．ここで，Δ はラプラシアン(1-1 節 f 項参照)である．

要するに，Maxwell 方程式(5.1)～(5.4)は，上の式(5.5)，(5.7)，(5.10)，(5.11)と同等なのである．

5-3 ゲージ不変性

磁束密度$\boldsymbol{B}$と電場$\boldsymbol{E}$は，ポテンシャルϕと$\boldsymbol{A}$を用いて，式(5.5)と(5.7)によって与えられる．いま，

$$\mathrm{rot}\,\boldsymbol{A}_\chi = 0 \tag{5.12}$$

$$\mathrm{grad}\,\phi_\chi + \frac{\partial \boldsymbol{A}_\chi}{\partial t} = 0 \tag{5.13}$$

を満たす関数ϕ_χと$\boldsymbol{A}_\chi$を考えると，

$$\mathrm{rot}(\boldsymbol{A}_\chi+\boldsymbol{A}) = \mathrm{rot}\,\boldsymbol{A} = \boldsymbol{B} \tag{5.14}$$

$$-\mathrm{grad}(\phi_\chi+\phi)-\frac{\partial(\boldsymbol{A}_\chi+\boldsymbol{A})}{\partial t} = -\mathrm{grad}\,\phi-\frac{\partial \boldsymbol{A}}{\partial t} = \boldsymbol{E} \tag{5.15}$$

が成り立つ．だから，ϕ と $\boldsymbol{A}$ の組も，$\phi_\chi+\phi$ と $\boldsymbol{A}_\chi+\boldsymbol{A}$ の組も，どちらも同じ $\boldsymbol{B}$ と $\boldsymbol{E}$ を与える．ポテンシャル ϕ と $\boldsymbol{A}$ は，それぞれ ϕ_χ と $\boldsymbol{A}_\chi$ のぶんだけ任意性があり，不定である．このような任意性をもっているから，ポテンシャルは電場や磁場と違って，直接観測できるものではない．計算の途中で現われる非物理的な量であると考えられる．ただし，電位差のように，2つの ϕ の差をとったものについては，この不定性は除かれているから，観測可能な量となるのである．

関数 ϕ_χ および $\boldsymbol{A}_\chi$ は，それぞれ式(5.12)および(5.13)を満たすから，任意の関数 χ を用いて

$$\boldsymbol{A}_\chi = -\mathrm{grad}\,\chi \tag{5.16}$$

$$\phi_\chi = \frac{\partial \chi}{\partial t} \tag{5.17}$$

と表わすことができる．式(5.16)の右辺でマイナス符号をつけたのは，単に後の便宜のためである．また，式(5.17)においては，積分定数は無視した．

ここで得られた結果をまとめると，次のようになる．すなわち，$\boldsymbol{B}$ と $\boldsymbol{E}$ を与える式(5.5)と(5.7)は，変換

$$\phi' = \phi+\frac{\partial \chi}{\partial t} \tag{5.18}$$

$$\boldsymbol{A}' = \boldsymbol{A}-\mathrm{grad}\,\chi \tag{5.19}$$

によって，ϕ を ϕ' に，$\boldsymbol{A}$ を $\boldsymbol{A}'$ にかえても変わらない．実際

$$\boldsymbol{B} = \mathrm{rot}\,\boldsymbol{A}' \tag{5.20}$$

$$\boldsymbol{E} = -\mathrm{grad}\,\phi'-\frac{\partial \boldsymbol{A}'}{\partial t} \tag{5.21}$$

である．この $\boldsymbol{B}$ と $\boldsymbol{E}$ を変えない ϕ と $\boldsymbol{A}$ の変換(5.18)と(5.19)を，**ゲージ変換**（もっと正確にはAbel群のゲージ変換）という．ゲージ変換によって $\boldsymbol{B}$ や

$\boldsymbol{E}$ が変わらないことを，**ゲージ不変性**(gauge invariance)という．均質等方媒質中での Maxwell 方程式は $\boldsymbol{B}$ と $\boldsymbol{E}$ のみで書けるから，Maxwell 方程式はゲージ不変である．

ポテンシャル ϕ と $\boldsymbol{A}$ は，任意関数 χ のぶんだけ不定である．この不定性を逆に利用すると，式(5.10)や(5.11)のようなポテンシャルを含む式を，より簡単な形に変えることができる．たとえば，関数 χ として

$$\frac{\partial \chi}{\partial t} = \phi'$$

を満たすようにとってやり，$\phi=0$ となるようにすることができる．このように ϕ をきめれば，ポテンシャルとして $\boldsymbol{A}$ のみを考えればすむことになり，便利である．また別の方法として，ϕ と $\boldsymbol{A}$ が

$$\mathrm{div}\,\boldsymbol{A} + \varepsilon\mu \frac{\partial \phi}{\partial t} = 0 \tag{5.22}$$

を満たすように関数 χ をとることもできる．このとき，式(5.10)と(5.11)は

$$\varepsilon\mu \frac{\partial^2 \phi}{\partial t^2} - \Delta \phi = \frac{1}{\varepsilon}\rho \tag{5.23}$$

$$\varepsilon\mu \frac{\partial^2 \boldsymbol{A}}{\partial t^2} - \Delta \boldsymbol{A} = \mu \boldsymbol{j} \tag{5.24}$$

となる．関数 χ として特別なものを選び，ポテンシャル ϕ と $\boldsymbol{A}$ の不定性をなくしてしまうことを，「ゲージを固定する」(gauge fixing)という．ポテンシャル ϕ と $\boldsymbol{A}$ の不定性をなくすためにとった，上のような条件式は**補助条件**とよばれ，特に式(5.22)で与えられる補助条件は **Lorentz 条件**とよばれている．Lorentz 条件によってゲージを固定したとき，理論は「Lorentz ゲージの下にある」という．Lorentz 条件の下では，Maxwell 方程式(と同等な式)(5.10)と(5.11)は，式(5.23)と(5.24)のように簡潔な形にまとまる．

関数 χ を適当にとって

$$\mathrm{div}\,\boldsymbol{A} = 0 \tag{5.25}$$

が満たされるようにすることもできる．式(5.25)で与えられる補助条件でゲー

ジを固定したとき，理論は「Coulomb ゲージの下にある」という．Coulomb ゲージの下では，Maxwell 方程式は

$$\Delta\phi = -\frac{1}{\varepsilon}\rho \tag{5.26}$$

$$\Delta \boldsymbol{A} - \varepsilon\mu\frac{\partial^2\boldsymbol{A}}{\partial t^2} - \varepsilon\mu\frac{\partial}{\partial t}\,\mathrm{grad}\,\phi = -\mu\boldsymbol{j} \tag{5.27}$$

となる．

6 電磁波

Maxwell 方程式によって新たに予言される現象のうちで最も重要なものは，電場と磁場の変動が空間を伝わることによって生じる波動現象，すなわち電磁波，である．電磁波の存在を導く上で本質的な役割を果たしているのは，Maxwell 方程式に含まれる変位電流の項である．Hertz による電波の発見は，結局のところ，Maxwell によって導入された変位電流の考えが妥当であることを確認するものであった．

本章では，Maxwell 方程式から，いかにして電磁波の存在が導かれるかを示し，電磁波の伝播に関する解説を行ない，電磁波がどのような機構で放射されるのかについて説明する．

6-1 電磁波の存在

Maxwell 方程式から，電場と磁場に対する波動方程式が導かれることを示し，その物理的意味を考える．また，得られた波動の空間的伝播の諸性質を調べる．

a) Maxwell 方程式と波動

電流分布も電荷分布もない，一様等方媒質中での Maxwell 方程式は，式

(5.1)～(5.4)から

$$\mathrm{div}\,\boldsymbol{E} = 0 \tag{6.1}$$

$$\mathrm{div}\,\boldsymbol{B} = 0 \tag{6.2}$$

$$\mathrm{rot}\,\boldsymbol{B} = \varepsilon\mu\frac{\partial \boldsymbol{E}}{\partial t} \tag{6.3}$$

$$\mathrm{rot}\,\boldsymbol{E} = -\frac{\partial \boldsymbol{B}}{\partial t} \tag{6.4}$$

である.

式(6.3)の両辺の回転をとると

$$\begin{aligned} \text{左辺} &= \mathrm{rot}\,\mathrm{rot}\,\boldsymbol{B} = \mathrm{grad}(\mathrm{div}\,\boldsymbol{B}) - \Delta\boldsymbol{B} \\ &= -\Delta\boldsymbol{B} \\ \text{右辺} &= \varepsilon\mu\frac{\partial\,\mathrm{rot}\,\boldsymbol{E}}{\partial t} = -\varepsilon\mu\frac{\partial^2\boldsymbol{B}}{\partial t^2} \end{aligned}$$

であるから

$$\Delta\boldsymbol{B} = \frac{1}{v^2}\frac{\partial^2\boldsymbol{B}}{\partial t^2} \tag{6.5}$$

を得る. ここで

$$v = \frac{1}{\sqrt{\varepsilon\mu}} \tag{6.6}$$

とおいた. また, 式(6.4)の両辺の回転をとれば, 同様の計算により

$$\Delta\boldsymbol{E} = \frac{1}{v^2}\frac{\partial^2\boldsymbol{E}}{\partial t^2} \tag{6.7}$$

が得られる.

式(6.5)と(6.7)は, 波の速さが v で, 波の変位がそれぞれ E_x, E_y, E_z および B_x, B_y, B_z であるような波動を表わす微分方程式である. したがって, Maxwell 方程式は, 電場と磁場の振動によって起こる波動の解を含んでいることがわかる. このような電場と磁場の振動で起こる波動を**電磁波**(electromagnetic wave)という.

一般に波動を表わす微分方程式を波動方程式という．ここで，式(6.5)と(6.7)がなぜ波動方程式であるかということについて，念のために復習しておこう．

波動には，振動が波の進行方向に起こる縦波と，進行方向と垂直な方向に振動が起こる横波とがある．どちらの場合も，時刻 t における場所 $\boldsymbol{r}$ での波の変位 $u(\boldsymbol{r}, t)$ がわかれば，その波動の全容がわかったことになる．この波の変位 $u(\boldsymbol{r}, t)$ に対する微分方程式が波動方程式である．

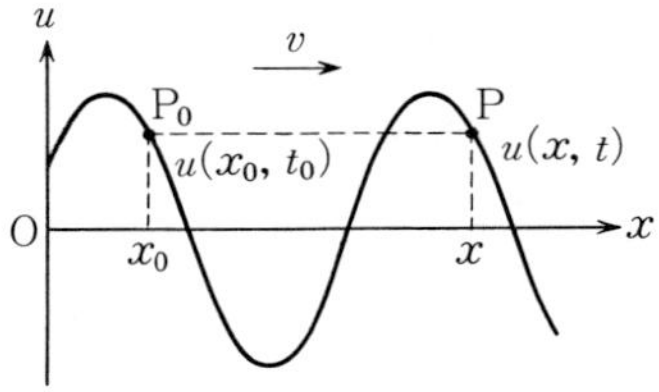

図 6-1 1次元的な横波の振幅．

いま，簡単のために，図6-1に示すような1次元的な横波を考える．ここでは，水の波のような，媒質の振動によって起こる波を考えることとしよう．図6-1において，波は進行波(図の左から右に向かって進む波)だとし，波の上の1点Pの変位を $u(x, t)$ としよう．波は周期的な現象であるから，波が1周期すると，もと点Pがあった場所に波の1点 P_0 がきて，点Pと同じ変位になる．このときの時刻を t_0，その場所を x_0 とすると

$$u(x, t) = u(x_0, t_0) \tag{6.8}$$

である．波の進む速さを v とすると，時刻 t と t_0 は1周期だけずれているのだから

$$t_0 = t - \frac{x - x_0}{v} \tag{6.9}$$

の関係が成り立つ．したがって，式(6.8)と(6.9)から

$$u(x, t) = u\left(x_0, t - \frac{x - x_0}{v}\right) \tag{6.10}$$

となる．点 P_0 と点Pの間を1周期に限らなくても，任意の周期について式

(6.10)は成り立つ．そこで，点 P_0 を固定し，点 P が進むものと考えると，式(6.10)は $u(x,t)$ が $vt-x$ のみの関数であることを示している．すなわち，2変数の関数である $u(x,t)$ は，1変数のある関数 $f(z)$ によって

$$u(x,t)=f(vt-x) \tag{6.11}$$

と表わすことができる．

退行波についても同様の考察をすると

$$u(x,t)=g(vt+x) \tag{6.12}$$

を得る．ここで，$g(z)$ は $f(z)$ と同様の1変数の関数である．

式(6.11)を直接微分することによって

$$\frac{\partial^2 u}{\partial t^2}=v^2\left.\frac{\partial^2 f(z)}{\partial z^2}\right|_{z=vt-x} \tag{6.13}$$

$$\frac{\partial^2 u}{\partial x^2}=\left.\frac{\partial^2 f(z)}{\partial z^2}\right|_{z=vt-x} \tag{6.14}$$

であることがわかるから，この2式から

$$\frac{\partial^2 u}{\partial x^2}=\frac{1}{v^2}\frac{\partial^2 u}{\partial t^2} \tag{6.15}$$

が得られる．退行波(6.12)についても同様である．式(6.15)が，速度 v で伝播する1次元の波に対する波動方程式である．これを3次元に拡張すると，左辺がラプラシアンになる．

いま，真空中の電磁波を考えよう．式(6.6)で，誘電率 ε と透磁率 μ を，真空のそれ，ε_0 と μ_0，で置き換えなければならない．ところで，実験データは

$$\begin{aligned}\varepsilon_0&=8.854187817\cdots\times10^{-12}\quad(\mathrm{F/m})\\ \mu_0&=1.256637061\cdots\times10^{-6}\quad(\mathrm{H/m})\end{aligned} \tag{6.16}$$

である．だから，真空中の電磁波の伝播速度を v_0 とすると

$$\begin{aligned}v_0=\frac{1}{\sqrt{\varepsilon_0\mu_0}}&=2.99792458\cdots\times10^8\quad(\mathrm{m}/\sqrt{\mathrm{F\cdot H}})\\ &=2.99792458\cdots\times10^8\quad(\mathrm{m/s})\end{aligned} \tag{6.17}$$

となる．ここで

$$\mathrm{F{\cdot}H} = \frac{\mathrm{A^2{\cdot}s^4}}{\mathrm{m^2{\cdot}kg}}\frac{\mathrm{Wb}}{\mathrm{A}} = \mathrm{s}^2 \qquad \left(\mathrm{Wb} = \mathrm{V{\cdot}s} = \frac{\mathrm{m^2{\cdot}kg}}{\mathrm{s^2{\cdot}A}}\right)$$

を用いた．式(6.17)の数値は，真空中の光速度 c の測定値と完全に一致する．もっとも，今日では真空中の光速度は $c=2.99792458\times10^8$ m/s と定義されており，これから逆算して長さの単位 1 m が決められている(理科年表(丸善)参照)ので，光速度の測定値と称するものは探しても見あたらないが．

誘電率 ε，透磁率 μ の媒質中での電磁波の伝播速度 v は

$$v = \frac{1}{\sqrt{\varepsilon\mu}} = \frac{v_0}{n}, \qquad n \equiv \sqrt{\frac{\varepsilon\mu}{\varepsilon_0\mu_0}} \tag{6.18}$$

と書くことができる．ここで現われる n は，媒質の屈折率に対応するものである．そこで媒質の誘電率と透磁率に対する実験値を用いて得た n の値と，光の屈折率に対する実験値とを比較してみると，これもやはり，いろいろな媒質に対してよく一致していることが分かる．

以上のような事実から，光は電磁波の一種であると結論することができる．電磁波は，その波長領域によって名称が違っていて，電波，マイクロ波，赤外線，可視光線，紫外線，エックス線，ガンマ線，などとよばれる(図 6-2)．

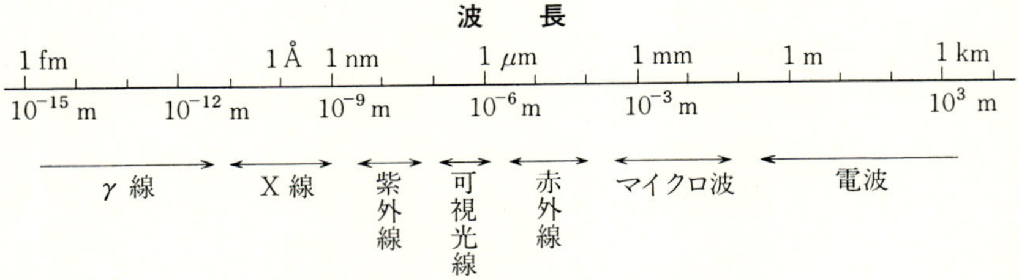

図 6-2 電磁波の波長領域とその名称．

b) 物理的解釈

Maxwell 方程式は，なぜ波動解を許すのだろうか．その直観的な意味を考えてみよう．火花放電などにより，空間のある 1 点のまわりに電流が流れたとする．この電流のまわりに磁場が発生する(Ampère の法則，図 6-3)．

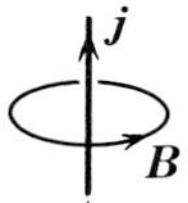

$$\mathrm{rot}\,\boldsymbol{H} = \boldsymbol{j} + \frac{\partial \boldsymbol{D}}{\partial t} \quad \left(\frac{\partial \boldsymbol{D}}{\partial t} = 0\right)$$

図 6-3 電流の発生とそのまわりの磁場.

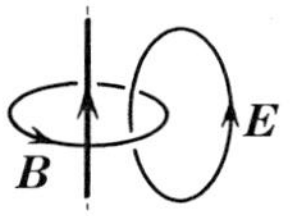

$$\mathrm{rot}\,\boldsymbol{E} = -\frac{\partial \boldsymbol{B}}{\partial t}$$

図 6-4 磁場の変動による電場の発生.

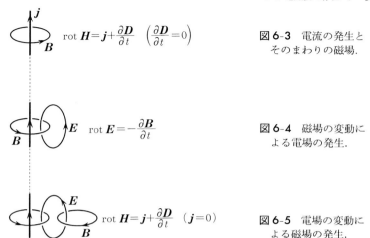

$$\mathrm{rot}\,\boldsymbol{H} = \boldsymbol{j} + \frac{\partial \boldsymbol{D}}{\partial t} \quad (\boldsymbol{j} = 0)$$

図 6-5 電場の変動による磁場の発生.

電流は瞬間的に発生して消滅するので，そのまわりの磁束密度も変動する．すると電場が発生する(電磁誘導法則，図 6-4)．

この電場ももちろん変動しているから，電気変位が時間変化する．これによって変位電流が流れ，また磁場を生み出す(Ampère の法則，図 6-5)．

こうして生じた磁場もまた時間変化していて，電場が発生する．以下，これを繰り返すことによって，電場と磁場の波動が伝播してゆくことになる．

ここでは，火花放電による瞬間的な電流を電磁波の源として考えたが，アンテナ等に高周波電流を流すことによっても，電場の時間変動が起こるから，電磁波を発生することができる．

上の説明でわかるとおり，第 2 のステップから第 3 のステップに移ることができるのは，Maxwell 方程式において変位電流の項があるからである．このように，電磁波の発生には，変位電流の存在が本質的なはたらきをしている．逆にいうと，電磁波の存在を実験的に示すことは，Maxwell が導入した変位電流の項が正しいことを示すことに他ならない．

変位電流の項は，電気変位の時間変化であり，誘電体のような媒質の電気分極に関連している．したがって，電磁波は，たとえそれが真空中の現象であっても，何か媒質の振動を表わすものではないかと考えられる．R. Hooke は，

1670年頃にすでに光の波を伝える媒質の存在を考えており，この媒質のことを**エーテル**(ether)とよんだ．19世紀末になって，Maxwell理論が確立し，電磁波の存在が確かめられると，ますますエーテルの存在が現実味をもってきたわけである．もし宇宙にエーテルが充満しているならば，それに対して動いている地球上で観測した光の速さに影響がでるはずである．このような考えに立って，A. A. MichelsonはE. W. Morleyの助けをかりて，1887年に精密な実験を行なったが，光速度に意味のあるずれを見いだすことはできなかった．H. A. LorentzやJ. H. Poincaréは，それでもエーテルの概念から抜け出すことはできず，エーテルに対して運動する系での電磁気学を，Michelson-Morleyの結果に矛盾しないように定式化する試みを行ない，後にLorentz変換とよばれるようになるものを導いている．エーテルの概念を，物理学から完全に追放したのはA. Einsteinである．1905年にEinsteinは，特殊相対性理論を提唱し，この中で，電磁波の伝播にはエーテルのような媒質は必要ないことを力説している．特殊相対性理論については，第7章でくわしく解説することとしよう．

c) 平面波

電荷分布も電流分布もない一様等方媒質中を，一定の方向に伝わる電磁波は，その発生源から十分離れたところでは，平面波とよばれるものになる．この様子を以下で調べよう．

Maxwell方程式は式(6.1)～(6.4)で与えられる．ただし，式(6.6)を考慮する．いま，波動の進行方向をz軸にとり，(x, y)平面上では電場$\boldsymbol{E}$も磁束密度$\boldsymbol{B}$も一定である(x, yによらない)とする．Maxwell方程式を成分に分けて書くと，次のようになる．

$$
\begin{gathered}
\frac{\partial E_z}{\partial t} = \frac{\partial E_z}{\partial z} = \frac{\partial B_z}{\partial t} = \frac{\partial B_z}{\partial z} = 0 \\
\frac{\partial E_x}{\partial t} = -v^2 \frac{\partial B_y}{\partial z}, \qquad \frac{\partial E_y}{\partial t} = v^2 \frac{\partial B_x}{\partial z} \\
\frac{\partial B_x}{\partial t} = \frac{\partial E_y}{\partial z}, \qquad \frac{\partial B_y}{\partial t} = -\frac{\partial E_x}{\partial z}
\end{gathered}
\tag{6.19}
$$

式(6.19)の第1式より，E_z と B_z は z と t によらないことがわかる．最初の仮定により，E_z と B_z は x と y にもよらないのだから，結局 E_z と B_z は定数に他ならない．以下では，簡単のため，これらの定数はゼロととることにする．したがって

$$E_z = B_z = 0 \tag{6.20}$$

となる．だから，$\boldsymbol{E}$ も $\boldsymbol{B}$ も進行方向に成分をもたない．すなわち，電磁波は横波である．

式(6.19)の第2行，第3行の式から，E_x, E_y, B_x, B_y に対する波動方程式が導かれる．どれも同じ式だから，$E_x(z,t)$ に対する式のみを書くと

$$\frac{\partial^2 E_x}{\partial z^2} - \frac{1}{v^2}\frac{\partial^2 E_x}{\partial t^2} = 0 \tag{6.21}$$

である．式(6.21)は

$$\left(\frac{\partial}{\partial z} + \frac{1}{v}\frac{\partial}{\partial t}\right)\left(\frac{\partial}{\partial z} - \frac{1}{v}\frac{\partial}{\partial t}\right)E_x = 0 \tag{6.22}$$

のように因数分解することができる．変数変換

$$\xi = z + vt, \qquad \eta = z - vt \tag{6.23}$$

を行なうと

$$\frac{\partial}{\partial z} = \frac{\partial}{\partial \xi} + \frac{\partial}{\partial \eta}, \qquad \frac{1}{v}\frac{\partial}{\partial t} = \frac{\partial}{\partial \xi} - \frac{\partial}{\partial \eta} \tag{6.24}$$

であるから，式(6.22)は

$$\frac{\partial^2 E_x}{\partial \xi \partial \eta} = 0 \tag{6.25}$$

となる．上式は ξ と η についてすぐに積分できる．まず ξ について積分すると

$$\frac{\partial E_x}{\partial \eta} = F(\eta) \tag{6.26}$$

となる．ただし，$F(\eta)$ は変数 η のみに依存する未知関数である．さらに η について積分すると

$$E_x = \int^{\eta} d\eta F(\eta) + G(\xi) \tag{6.27}$$

となる．ここで，$G(\xi)$ は変数 ξ のみに依存する未知関数である．式(6.27)が，波動方程式(6.21)の一般解である．この式から，解は変数 ξ のみによる部分と変数 η のみによる部分の和であることがわかる．それで，解は，$\eta=z-vt$ と $\xi=z+vt$ の任意関数 $f_x(\eta)$ と $g_x(\xi)$ を用いて一般に

$$E_x(z,t)=f_x(z-vt)+g_x(z+vt) \tag{6.28}$$

と書ける．これは，本節 a 項で説明した波動の一般的性質そのものである．右辺第 1 項が進行波を表わし，第 2 項が退行波を表わしている．

以上の議論は E_y, B_x, B_y に対しても同様に適用できるので，例えば E_y に対しては

$$E_y(z,t)=f_y(z-vt)+g_y(z+vt) \tag{6.29}$$

を得る．

式(6.19)の第 3 行の式に，式(6.28)と(6.29)を代入すると

$$\frac{\partial B_x}{\partial t}=\frac{1}{v}\frac{\partial}{\partial t}(-f_y+g_y)$$

$$\frac{\partial B_y}{\partial t}=\frac{1}{v}\frac{\partial}{\partial t}(f_x-g_x)$$

となるから，これを積分して(積分定数は無視する)

$$\begin{aligned} B_x(z,t)&=\frac{1}{v}\{-f_y(z-vt)+g_y(z+vt)\} \\ B_y(z,t)&=\frac{1}{v}\{f_x(z-vt)-g_x(z+vt)\} \end{aligned} \tag{6.30}$$

を得る．

結局，ここで考えている電磁波の電場と磁場の各成分は，式(6.20)，(6.28)，(6.29)，(6.30)で与えられることが分かった．いま，進行波の場合を考える．この場合 $g_x=g_y=0$ であるから

$$E_x=f_x,\ E_x=f_y,\ B_x=-f_y/v,\ B_y=f_x/v \tag{6.31}$$

となる．この電場と磁場は，互いに直交している．実際，式(6.31)を使うと

$$\boldsymbol{E}\cdot\boldsymbol{B}=0 \tag{6.32}$$

であることは直ちにわかる.

すなわち，いま考えている電磁波は，z 方向に進み，電場と磁場は (x, y) 平面上で一定であり，互いに直交している．このような波を**平面波**(plane wave)という.

特に，$E_x(z, t)$ と $E_y(z, t)$ が変数分離形で書ける場合，すなわち

$$E_j(z, t) = R_j(z) T_j(t) \qquad (j=x, y) \tag{6.33}$$

と表わせる場合は，波動方程式(6.21)により

$$\frac{v^2}{R_j}\frac{d^2 R_j}{dz^2} = \frac{1}{T_j}\frac{d^2 T_j}{dt^2} \tag{6.34}$$

が得られる．式(6.34)の左辺は z のみの関数，右辺は t のみの関数であるから，この式が成り立つためには，両辺が定数であるほかはない．この定数を ω^2 とおくと

$$\begin{aligned} &\frac{d^2 R_j}{dz^2} + \frac{\omega^2}{v^2} R_j = 0 \\ &\frac{d^2 T_j}{dt^2} + \omega^2 T_j = 0 \end{aligned} \tag{6.35}$$

となり，これは単振動の方程式である．この式の一般解は

$$\begin{aligned} R_j(z) &= a_j e^{i\omega z/v} + b_j e^{-i\omega z/v} \\ T_j(t) &= c_j e^{i\omega t} + d_j e^{-i\omega t} \end{aligned} \tag{6.36}$$

で与えられる．ただし，a_j, b_j, c_j, d_j は積分定数である．式(6.36)から求められる電場 E_j のうちで，進行波のもののみを考えると

$$E_j(z, t) = A_j e^{i\omega(t-z/v)} + B_j e^{-i\omega(t-z/v)} \tag{6.37}$$

であり，同様にして磁場も

$$B_j(z, t) = C_j e^{i\omega(t-z/v)} + D_j e^{-i\omega(t-z/v)} \tag{6.38}$$

で与えられることが分かる．ここで，A_j, B_j, C_j, D_j は a_j, b_j, c_j, d_j から決まる定数である．すなわち，ここで考えている電磁波は正弦波(または余弦波)であり，その周期は $2\pi/\omega$，振動数は $\omega/2\pi$，波長は $2\pi v/\omega$ である.

6-2 電磁波の放射

電磁波が存在できることは6-1節でみたが，それがどのような機構で発生するかについては，まだ説明していない．この節では，時間的に変動する電荷電流分布があるときのMaxwell方程式を解くことによって，実際に電磁波が発生することを説明する．そのために必要な概念として，遅延ポテンシャルを導入し，電磁波が運ぶエネルギーを表わすPoyntingベクトルを定義する．具体的にMaxwell方程式の解を用いて，電気双極子による電磁波の放射について説明する．

a) Poyntingベクトル

ある回路から放電によって電磁波を放射したり，回路からアンテナに高周波電流を流すことによって電磁波を放射したりすると，この回路からエネルギーが失われる．これは，電磁波中の電場と磁場がエネルギーを持ち去ったためである．電磁波が運ぶエネルギーを表わすのに便利な量は何だろうか．この項では，この問題について考えてみよう．

誘電率がεで透磁率がμの一様等方媒質中に電場$\boldsymbol{E}(x,y,z)$があるとき，点(x,y,z)でのエネルギー密度は

$$\frac{1}{2}\varepsilon\boldsymbol{E}(x,y,z)^2$$

であり，磁場$\boldsymbol{H}(x,y,z)$があるときのエネルギー密度は

$$\frac{1}{2}\mu\boldsymbol{H}(x,y,z)^2$$

であることは，それぞれ1-4節と2-3節でみたとおりである．したがって，電場$\boldsymbol{E}$と磁場$\boldsymbol{H}$が共存するときのエネルギー密度uは

$$u = \frac{1}{2}\varepsilon\boldsymbol{E}^2+\frac{1}{2}\mu\boldsymbol{H}^2 \qquad (6.39)$$

で与えられる．式(6.39)を時間微分することによって，エネルギー密度の単位

時間当たりの変化は

$$\frac{\partial u}{\partial t} = \boldsymbol{E}\cdot\frac{\partial \boldsymbol{D}}{\partial t} + \boldsymbol{H}\cdot\frac{\partial \boldsymbol{B}}{\partial t} \tag{6.40}$$

と表わされることがわかる．考えている点では電荷と電流の分布はないとして，Maxwell 方程式を考慮すると，式(6.40)は

$$\frac{\partial u}{\partial t} = \boldsymbol{E}\cdot\mathrm{rot}\,\boldsymbol{H} - \boldsymbol{H}\cdot\mathrm{rot}\,\boldsymbol{E} = \mathrm{div}(\boldsymbol{H}\times\boldsymbol{E}) \tag{6.41}$$

と書き直すことができる．ここで

$$\boldsymbol{P} = \boldsymbol{E}\times\boldsymbol{H} \tag{6.42}$$

とおくと

$$\frac{\partial u}{\partial t} = -\mathrm{div}\,\boldsymbol{P} \tag{6.43}$$

となる．閉曲面 S でかこまれた領域 V について，式(6.43)の両辺を体積積分し，Gauss の発散定理を用いると

$$\frac{\partial U}{\partial t} = -\int_S \boldsymbol{P}\cdot d\boldsymbol{S} \tag{6.44}$$

を得る．ここで U は領域 V の全電磁エネルギーで

$$U = \int_V u dv \tag{6.45}$$

である．式(6.44)から，$\boldsymbol{P}$ というベクトルは，空間のある点のまわりの単位断面積をよぎって，その法線方向に単位時間当たりに流出する全エネルギーを表わしていることがわかる．このベクトル $\boldsymbol{P}$ のことを **Poynting ベクトル**という．J. H. Poynting はイギリスの物理学者で，電磁場のエネルギーの流れを表わすベクトル $\boldsymbol{P}$ を 1884 年に初めて導入した．

b）遅延ポテンシャル

次項の議論で，時間変動する電荷電流の下での Maxwell 方程式(ポテンシャルに対する)の一般解が必要となる．この一般解を求める過程で，遅延ポテンシャルというものが現われる．この項では，次項の準備として，遅延ポテンシ

ャルについて説明する．

時間 t と空間座標 $\boldsymbol{r}$ に依存する関数 $f(\boldsymbol{r}, t)$ に対する 2 階線形非同次偏微分方程式

$$\frac{\partial^2 f}{c^2 \partial t^2} - \Delta f = F \tag{6.46}$$

を考えよう．ここで，c は光速度であり，$F(\boldsymbol{r}, t)$ は与えられた関数で，源関数とよばれる．例えば，式(5.23)や(5.24)は，この形の微分方程式である．式(6.46)で，f や F が時間 t によらない場合は，Poisson 方程式になるが，いまの場合は時間依存性があって，これによって電磁場の変動，すなわち波動，が得られるのである．

方程式(6.46)を解くために，Fourier 変換の方法を用いることとする．関数 $f(\boldsymbol{r}, t)$ および $F(\boldsymbol{r}, t)$ の，時間 t および空間座標 $\boldsymbol{r}$ に関する Fourier 変換を考えよう．

$$\begin{aligned} f(\boldsymbol{r}, t) &= \int_{-\infty}^{\infty} d\omega e^{i\omega t} \int d^3 k e^{-i\boldsymbol{k}\cdot\boldsymbol{r}} \hat{f}(\boldsymbol{k}, \omega) \\ F(\boldsymbol{r}, t) &= \int_{-\infty}^{\infty} d\omega e^{i\omega t} \int d^3 k e^{-i\boldsymbol{k}\cdot\boldsymbol{r}} \hat{F}(\boldsymbol{k}, \omega) \end{aligned} \tag{6.47}$$

ここで，指数部の $-i\boldsymbol{k}\cdot\boldsymbol{r}$ の負号は，後の便宜上つけたものである．積分のうち $d^3 k$ は k_x, k_y, k_z についての 3 次元積分を表わし

$$d^3 k = dk_x dk_y dk_z \tag{6.48}$$

である．Fourier 変換の式(6.47)を，式(6.46)に代入すると

$$\int_{-\infty}^{\infty} d\omega e^{i\omega t} \int d^3 k e^{-i\boldsymbol{k}\cdot\boldsymbol{r}} \left\{ \left(-\frac{\omega^2}{c^2} + \boldsymbol{k}^2 \right) \hat{f} - \hat{F} \right\} = 0 \tag{6.49}$$

となる．式(6.49)の両辺を Fourier 逆変換し，$\hat{f}(\boldsymbol{k}, \omega)$ について解くと

$$\hat{f} = \frac{\hat{F}}{\boldsymbol{k}^2 - \omega^2/c^2} \tag{6.50}$$

を得る．これをもとの式(6.47)に入れると

$$f(\boldsymbol{r},t)=\int d\omega d^3k e^{i\omega t-i\boldsymbol{k}\cdot\boldsymbol{r}}\frac{\hat{F}(\boldsymbol{k},\omega)}{\boldsymbol{k}^2-\omega^2/c^2} \tag{6.51}$$

となる．いま，$F(\boldsymbol{r},t)$ について Fourier 逆変換を考えると

$$\hat{F}(\boldsymbol{k},\omega)=\frac{1}{(2\pi)^4}\int dt'd^3r'e^{-i\omega t'+i\boldsymbol{k}\cdot\boldsymbol{r}'}F(\boldsymbol{r}',t') \tag{6.52}$$

であるから，これを式(6.51)に代入すると，次式を得る．

$$f(\boldsymbol{r},t)=\int dt'd^3r'G(\boldsymbol{r}-\boldsymbol{r}',t-t')F(\boldsymbol{r}',t') \tag{6.53}$$

ここで

$$G(\boldsymbol{r},t)=\frac{1}{(2\pi)^4}\int d\omega d^3k\,\frac{e^{i\omega t-i\boldsymbol{k}\cdot\boldsymbol{r}}}{\boldsymbol{k}^2-\omega^2/c^2} \tag{6.54}$$

である．

次に，式(6.54)の右辺を計算しよう．$\boldsymbol{r}$ 方向を z 軸としてベクトル $\boldsymbol{k}$ を極座標表示すると（$\boldsymbol{k}$ と $\boldsymbol{r}$ のなす角を θ とし，$\boldsymbol{k}$ の方位角を ϕ，$\boldsymbol{k}$ の大きさを k とする），式(6.54)は

$$G(\boldsymbol{r},t)=\frac{1}{(2\pi)^4}\int_{-\infty}^{\infty}d\omega e^{i\omega t}\int_0^{\infty}k^2dk\int_{-1}^{1}d\cos\theta\int_0^{2\pi}d\phi\frac{e^{-ikr\cos\theta}}{k^2-\omega^2/c^2} \tag{6.55}$$

となる．ここで，$\cos\theta$ と ϕ について積分を遂行し，式をすこし整理すると

$$G(\boldsymbol{r},t)=\frac{1}{2i(2\pi)^3r}\int_{-\infty}^{\infty}d\omega e^{i\omega t}\int_{-\infty}^{\infty}dke^{ikr}\left(\frac{1}{k-\omega/c}+\frac{1}{k+\omega/c}\right) \tag{6.56}$$

が得られる．式(6.56)で，k についての積分は $k=\pm\omega/c$ に特異点をもっており，積分が不定である．これは，じつは，偏微分方程式(6.46)を解くときに，時間に関する境界条件をきちんと置かなかったからである．解はどうせ波動を表わすのだから，例えば，十分時間がたてば波が存在しなくなるとか，十分過去には波がなかったとかいうような条件を置かないと，有限で意味のある解が得られない．

十分時間がたったときに波がなくなるという条件を表わす方法として，関数 $f(\boldsymbol{r},t)$ に減衰因子 $e^{-\lambda t}$ をつけておくという方法がある．ただし，λ は小さな

正の数で，計算の後ではゼロとおくものとする．この操作は，式(6.47)において，ω を $\omega+i\lambda$ でおきかえることに対応する．そこで，式(6.56)においても

$$\frac{1}{k-\omega/c}+\frac{1}{k+\omega/c} \to \frac{1}{k-\omega/c-i\lambda}+\frac{1}{k+\omega/c+i\lambda} \tag{6.57}$$

と置き換えてみよう．これで，k 積分における(実数の)特異点はなくなった．

k 積分を遂行するために，複素 k 平面を考えよう．式(6.56)の k 積分の被積分関数は，指数関数 e^{ikr} があるために，k の虚部が正で大きいときに，十分小さくなる．だから，図 6-6 に示すような積分路 C にそっては，積分はゼロである．したがって，もとの積分にこの積分路 C をつけ加えても，積分の値は変わらない．

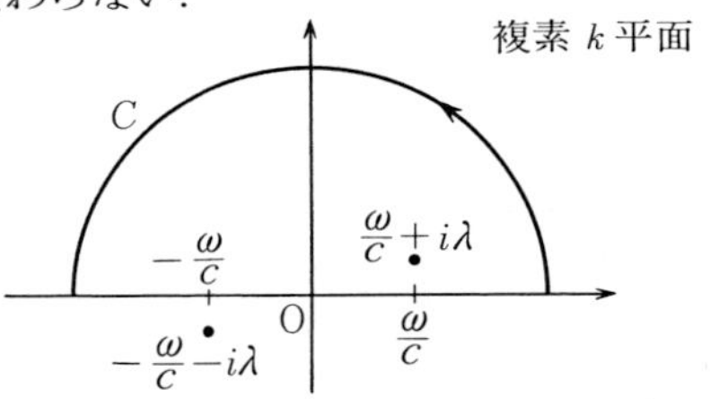

図 6-6　複素 k 平面上の十分大きな半円状積分路 C．

その結果得られた閉積分路についての積分は，特異点に関する留数定理を用いて計算できて，結局

$$\int_{-\infty}^{\infty} dke^{ikr}\left(\frac{1}{k-\omega/c-i\lambda}+\frac{1}{k+\omega/c+i\lambda}\right) = 2\pi ie^{i\omega r/c} \tag{6.58}$$

となる．式(6.58)の右辺で $\lambda\to 0$ とした．したがって

$$G(\boldsymbol{r},t) = \frac{1}{4\pi r}\delta(t+r/c) \tag{6.59}$$

である．ここで，デルタ関数の公式

$$\delta(x) = \frac{1}{2\pi}\int_{-\infty}^{\infty} d\omega e^{i\omega x} \tag{6.60}$$

を用いた．式(6.59)を式(6.53)に代入すると

$$f(\boldsymbol{r},t) = \int d^3r' \frac{F(\boldsymbol{r}',t+|\boldsymbol{r}-\boldsymbol{r}'|/c)}{4\pi|\boldsymbol{r}-\boldsymbol{r}'|} \tag{6.61}$$

を得る．

十分過去には波がなかったという条件で方程式(6.46)を解くときも，同様である．ただ，この場合は，減衰因子として $e^{\lambda t}$ をとる．そうすると，ω は $\omega-i\lambda$ でおきかえることになり，式(6.61)に対応する式として

$$f(\boldsymbol{r},t)=\int d^3r'\frac{F(\boldsymbol{r}',t-|\boldsymbol{r}-\boldsymbol{r}'|/c)}{4\pi|\boldsymbol{r}-\boldsymbol{r}'|} \tag{6.62}$$

が得られる．

式(6.61)と(6.62)は，ともに波動方程式(6.46)の解である．式(6.61)のほうは，光が $\boldsymbol{r}$ から $\boldsymbol{r}'$ に到達するのに要する時間だけ進んだ時刻での源関数 F の値を $\boldsymbol{r}'$ について加えあわせたものになっており，式(6.62)のほうは，光が $\boldsymbol{r}$ から $\boldsymbol{r}'$ に到達するのに要する時間だけ遅れた時刻での源関数 F の値を $\boldsymbol{r}'$ について加えあわせたものである．式(6.62)で表わされるようなポテンシャル f は，**遅延ポテンシャル**(retarded potential)とよばれ，式(6.61)で表わされるようなポテンシャル f は，**先進ポテンシャル**(advanced potential)とよばれる．

c) 変動する電荷電流に対する電磁場

時間に依存する電荷密度と電流密度がある場合に，電場と磁場がどのような振舞いをするかを知れば，変動する電荷電流分布の下での電磁波の発生の様子がわかる．

そこでまず，時間に依存する電荷密度 ρ と電流密度 $\boldsymbol{j}$ の下での Maxwell 方程式の解を求めよう．Lorentz ゲージの Maxwell 方程式(ポテンシャルに対する)は，式(5.23)と(5.24)で与えられ，Lorentz 条件は式(5.22)で与えられる．真空中では，これらの式は

$$\frac{1}{c^2}\frac{\partial^2\phi}{\partial t^2}-\Delta\phi=\frac{1}{\varepsilon_0}\rho \tag{6.63}$$

$$\frac{1}{c^2}\frac{\partial^2\boldsymbol{A}}{\partial t^2}-\Delta\boldsymbol{A}=\mu_0\boldsymbol{j} \tag{6.64}$$

$$\frac{1}{c^2}\frac{\partial\phi}{\partial t}+\mathrm{div}\,\boldsymbol{A}=0 \tag{6.65}$$

となる．式(6.63)および(6.64)から，スカラーポテンシャル ϕ とベクトルポテンシャル $\boldsymbol{A}$ の3つの成分 A_x, A_y, A_z とは，前項で調べた方程式(6.46)と同じ形の式を満たしていることがわかる．したがって，式(6.46)の解(6.61)または(6.62)を用いて，式(6.63)と(6.64)の解を書き下すことができる．

ここでは，遅延ポテンシャルのみを考えることにしよう．式(6.62)で，$f=\phi$ とおき，$F=\rho/\varepsilon_0$ とおけば

$$\phi(\boldsymbol{r}, t) = \frac{1}{4\pi\varepsilon_0}\int d^3r' \frac{\rho(\boldsymbol{r}', t')}{R} \tag{6.66}$$

が得られる．また，$f=A_x$，$F=\mu_0 j_x$ などとおけば，$\boldsymbol{A}=(A_x, A_y, A_z)$ に対して

$$\boldsymbol{A}(\boldsymbol{r}, t) = \frac{\mu_0}{4\pi}\int d^3r' \frac{\boldsymbol{j}(\boldsymbol{r}', t')}{R} \tag{6.67}$$

が得られる．ただし

$$t' = t-\frac{R}{c}, \qquad R = |\boldsymbol{R}|, \qquad \boldsymbol{R} = \boldsymbol{r}-\boldsymbol{r}' \tag{6.68}$$

である．

これらの解(6.66)と(6.67)が Lorentz 条件(6.65)を満たしていることは，電荷の保存則(3.3)を用いて示すことができる．すなわち，式(6.65)に式(6.66)と(6.67)を代入すると

$$\frac{1}{c^2}\frac{\partial \phi}{\partial t}+\mathrm{div}\,\boldsymbol{A} = \frac{\mu_0}{4\pi}\int d^3r'\left(\frac{1}{R}\frac{\partial \rho}{\partial t}+\mathrm{div}\,\frac{\boldsymbol{j}}{R}\right) \tag{6.69}$$

である．しかるに，すこし計算すると

$$\mathrm{div}\,\frac{\boldsymbol{j}}{R} = -\frac{1}{cR^2}\boldsymbol{R}\cdot\frac{\partial \boldsymbol{j}}{\partial t'}-\frac{1}{R^3}\boldsymbol{R}\cdot\boldsymbol{j}$$

を示すことができ，また，時刻 t'，場所 $\boldsymbol{r}'$ での電荷の保存則

$$\frac{\partial \rho}{\partial t'}+(\mathrm{div}'\,\boldsymbol{j})_{t'} = 0$$

(div' は $\boldsymbol{r}'$ についての発散を意味し，添字 t' は時刻 t' を固定することを意味する)および

$$\mathrm{div}'\boldsymbol{j} = (\mathrm{div}'\boldsymbol{j})_{t'} + \frac{1}{cR}\boldsymbol{R}\cdot\frac{\partial \boldsymbol{j}}{\partial t'}$$

を使うと

$$\frac{\partial \rho}{\partial t} = \frac{\partial \rho}{\partial t'} = -\mathrm{div}'\boldsymbol{j} + \frac{1}{cR}\boldsymbol{R}\cdot\frac{\partial \boldsymbol{j}}{\partial t'} \tag{6.70}$$

であるから，式(6.69)は次のように書き換えられる．

$$\frac{1}{c^2}\frac{\partial \phi}{\partial t} + \mathrm{div}\,\boldsymbol{A} = -\frac{\mu_0}{4\pi}\int \frac{d^3 r'}{R}\left\{\mathrm{div}'\boldsymbol{j} + \frac{\boldsymbol{R}\cdot\boldsymbol{j}}{R^2}\right\} \tag{6.71}$$

式(6.71)の右辺がゼロであることは，部分積分によって確かめることができる．

次に，ここで求めたポテンシャル ϕ と $\boldsymbol{A}$ を，ポテンシャルと電磁場との関係式(5.5)と(5.7)に代入して，電場 $\boldsymbol{E}$ と磁場 $\boldsymbol{H}$（または磁束密度 $\boldsymbol{B}$）を求めなければならない．ポテンシャルと電磁場の関係式をあらためて書くと

$$\boldsymbol{E} = -\mathrm{grad}\,\phi - \frac{\partial \boldsymbol{A}}{\partial t} \tag{5.7}$$

$$\boldsymbol{B} = \mathrm{rot}\,\boldsymbol{A} \tag{5.5}$$

である．以下，(6.66)と(6.67)を式(5.7)と(5.5)に代入して計算するだけのことであるが，計算そのものは結構やっかいで，長い計算となる．

式(6.66)と(6.67)を上の式(5.7)と(5.5)に代入すると

$$\boldsymbol{E}(\boldsymbol{r}, t) = -\frac{\mu_0}{4\pi}\int d^3 r'\left\{c^2\,\mathrm{grad}\,\frac{\rho(\boldsymbol{r}', \boldsymbol{t}')}{R} + \frac{1}{R}\frac{\partial \boldsymbol{j}(\boldsymbol{r}', t')}{\partial t}\right\} \tag{6.72}$$

$$\boldsymbol{B}(\boldsymbol{r}, t) = \frac{\mu_0}{4\pi}\int d^3 r'\,\mathrm{rot}\,\frac{\boldsymbol{j}(\boldsymbol{r}', t')}{R} \tag{6.73}$$

となる．以下で，電場 $\boldsymbol{E}$ に対する式(6.72)を，次項で使える形に変形することとする．まず

$$\mathrm{grad}\,\frac{\rho}{R} = \frac{1}{R}\,\mathrm{grad}\,\rho + \rho\,\mathrm{grad}\,\frac{1}{R}$$

であるが，$\rho(\boldsymbol{r}', t')$ は t' を通してのみ $\boldsymbol{r}$ に依存するから

$$\mathrm{grad}\,\rho = \frac{\partial t'}{\partial \boldsymbol{r}}\frac{\partial \rho}{\partial t'} = -\frac{\boldsymbol{R}}{cR}\frac{\partial \rho}{\partial t'}$$

であり，また

$$\mathrm{grad}\,\frac{1}{R} = -\frac{\boldsymbol{R}}{R^3}$$

であるから

$$\mathrm{grad}\,\frac{\rho}{R} = -\left(\frac{1}{c}\frac{\partial \rho}{\partial t'}+\frac{\rho}{R}\right)\frac{\boldsymbol{R}}{R^2}$$

となる．これに，電荷の保存則から得られた式(6.70)を代入すると

$$\mathrm{grad}\,\frac{\rho}{R} = \left(\frac{1}{c}\,\mathrm{div}'\,\boldsymbol{j}-\frac{1}{c^2R}\boldsymbol{R}\cdot\frac{\partial \boldsymbol{j}}{\partial t'}-\frac{\rho}{R}\right)\frac{\boldsymbol{R}}{R^2} \tag{6.74}$$

を得る．この式(6.74)を式(6.72)に代入し

$$\int d^3r'\,\frac{\boldsymbol{R}}{R}\,\mathrm{div}'\,\boldsymbol{j} = \int d^3r'\,\frac{\boldsymbol{j}}{R^2}-2\int d^3r'\,\frac{\boldsymbol{R}}{R^4}\boldsymbol{R}\cdot\boldsymbol{j}$$

に注意すると($\boldsymbol{r}'\to\infty$ で $\boldsymbol{j}\to 0$ として，表面項は落した)，電場 $\boldsymbol{E}$ に対する式

$$\boldsymbol{E}(\boldsymbol{r},t) = \frac{\mu_0}{4\pi}\int dv'\left\{-\frac{c\boldsymbol{j}}{R^2}+\frac{2\hat{\boldsymbol{R}}\cdot\boldsymbol{j}}{R^2}\hat{\boldsymbol{R}}+\frac{c^2\rho}{R^2}\hat{\boldsymbol{R}}-\frac{1}{R}\frac{\partial \boldsymbol{j}}{\partial t'}+\left(\hat{\boldsymbol{R}}\cdot\frac{\partial \boldsymbol{j}}{\partial t'}\right)\frac{\hat{\boldsymbol{R}}}{R}\right\} \tag{6.75}$$

が得られる．ここで

$$dv' = d^3r', \qquad \hat{\boldsymbol{R}} = \frac{\boldsymbol{R}}{R} \tag{6.76}$$

とおいた．

計算は省略するが，上と同じようにして，磁束密度 $\boldsymbol{B}$ に対する式も求まる．

$$\boldsymbol{B}(\boldsymbol{r},t) = \frac{\mu_0}{4\pi}\int dv'\left(\frac{1}{R}\frac{\partial \boldsymbol{j}}{\partial t'}\times\hat{\boldsymbol{R}}+\frac{1}{R^2}\boldsymbol{j}\times\hat{\boldsymbol{R}}\right) \tag{6.77}$$

d) 電気双極子による電磁波の放射

電荷分布と電流分布が時間的に変動すれば，そのまわりに電磁波が発生する．どのような電磁波が発生するかは，前項で求めた電場と磁場の式によってわかる．

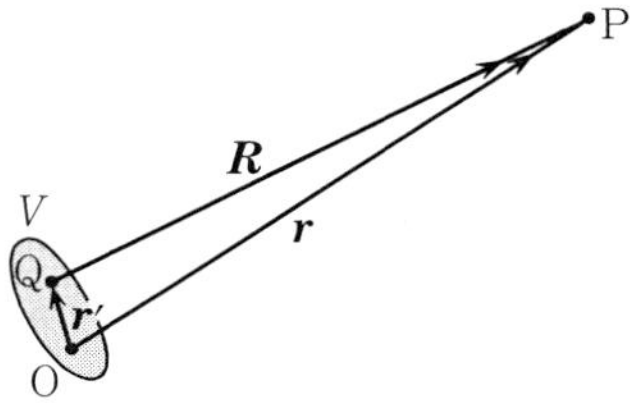

図 6-7 時間変化する電荷電流分布のある領域 V から十分遠方にある点 P での電場と磁場.

いま, 電荷と電流の分布は, アンテナのように空間の限られた領域 V のみにあるものとし, その領域 V から十分離れた地点 P での電磁場の振舞いを調べてみよう. 図 6-7 に示すように, 領域 V 内に原点 O をとり, 領域 V 内の 1 点 Q から点 P までの距離 R は十分大きいものとする. すなわち, 式で書くと $R \gg \boldsymbol{r}'$ である. 式(6.75)と(6.77)の被積分関数で, $1/R$ より小さい項はすべて無視すると, 式はずっと簡単になって

$$\boldsymbol{E}(\boldsymbol{r}, t) = -\frac{\mu_0}{4\pi}\int\frac{dv'}{R}\frac{\partial}{\partial t'}\{\boldsymbol{j}-(\hat{\boldsymbol{R}}\cdot\boldsymbol{j})\hat{\boldsymbol{R}}\} \tag{6.78}$$

$$\boldsymbol{B}(\boldsymbol{r}, t) = \frac{\mu_0}{4\pi c}\int\frac{dv'}{R}\frac{\partial}{\partial t'}(\boldsymbol{j}\times\hat{\boldsymbol{R}}) \tag{6.79}$$

となる. しかるに

$$\boldsymbol{j}_\perp = \boldsymbol{j}-(\hat{\boldsymbol{R}}\cdot\boldsymbol{j})\hat{\boldsymbol{R}} \tag{6.80}$$

は, 電流 $\boldsymbol{j}$ のベクトル $\hat{\boldsymbol{R}}$ に垂直な成分である. これを用いると, 式(6.78)と(6.79)は, より簡潔に書き表わされる.

$$\boldsymbol{E}(\boldsymbol{r}, t) = -\frac{\mu_0}{4\pi}\int\frac{dv'}{R}\frac{\partial\boldsymbol{j}_\perp}{\partial t'} \tag{6.81}$$

$$\boldsymbol{B}(\boldsymbol{r}, t) = \frac{\mu_0}{4\pi c}\int\frac{dv'}{R}\frac{\partial\boldsymbol{j}_\perp}{\partial t'}\times\hat{\boldsymbol{R}} \tag{6.82}$$

領域 V から十分離れた地点 P では $r \gg r'$ であるから, $r'/r \ll 1$ であり, r'/r のオーダーの項を無視すると $\boldsymbol{R} \sim \boldsymbol{r}$ である. このとき

$$\hat{\boldsymbol{R}} \sim \hat{\boldsymbol{r}} \quad \left(\equiv\frac{\boldsymbol{r}}{r}\right), \qquad \frac{\partial\boldsymbol{j}_\perp(\boldsymbol{r}', t')}{\partial t'} \sim \frac{\partial\boldsymbol{j}_\perp(\boldsymbol{r}', t-r/c)}{\partial t} \tag{6.83}$$

であるから, 式(6.81)は

$$\boldsymbol{E}(\boldsymbol{r},t) \sim -\frac{\mu_0}{4\pi r}\frac{\partial}{\partial t}\int_V dv' \boldsymbol{j}_\perp\left(\boldsymbol{r}', t-\frac{r}{c}\right) \tag{6.84}$$

となり，式(6.82)は

$$\boldsymbol{B}(\boldsymbol{r},t) \sim \frac{1}{c}\hat{\boldsymbol{r}}\times\boldsymbol{E} \tag{6.85}$$

と書くことができる．したがって，時間変化する電荷電流分布のある領域 V から十分遠方の地点Pでは，磁場は，V とPをむすぶ方向に垂直な面内にあり，電場にも垂直である．

さて，部分積分を行ない，電荷の保存則(3.3)を用いると

$$\int_V dv j_x(\boldsymbol{r},t) = -\int_V dvx\,\mathrm{div}\,\boldsymbol{j}(\boldsymbol{r},t) = \frac{\partial}{\partial t}\int_V dvx\rho(\boldsymbol{r},t)$$

である．電流 $\boldsymbol{j}$ の y 成分と z 成分についても同様の式が得られるので，結局

$$\int_V dv\boldsymbol{j}(\boldsymbol{r},t) = \frac{\partial}{\partial t}\int_V dv\boldsymbol{r}\rho(\boldsymbol{r},t) = \frac{\partial\boldsymbol{d}(t)}{\partial t} \tag{6.86}$$

を得る．ここで，$\boldsymbol{d}(t)$ は，領域 V がもつ電気双極子モーメントである．

$$\boldsymbol{d}(t) = \int_V dv\boldsymbol{r}\rho(\boldsymbol{r},t) \tag{6.87}$$

電気双極子モーメント $\boldsymbol{d}(t)$ を用いると，電場 $\boldsymbol{E}$ の式(6.81)は

$$\boldsymbol{E}(\boldsymbol{r},t) = -\frac{\mu_0}{4\pi r}\frac{\partial^2}{\partial t^2}\boldsymbol{d}_\perp\left(t-\frac{r}{c}\right) \tag{6.88}$$

となる．ここで，$\boldsymbol{d}_\perp(t-r/c)$ は，時刻 $t-r/c$ における電気双極子モーメントの $\boldsymbol{r}$ に垂直な成分を表わす．

以上の結果をまとめると，次のようになる．時間的に変動する電荷電流が小さな領域 V に存在するとき，領域 V の大きさが無視できるくらい遠い点Pでの電場 $\boldsymbol{E}$ は，時間変化する電気双極子モーメントによる電場で近似的に表わすことができる．その式が(6.88)である．そのとき付随する磁場は，式(6.85)で与えられる．式(6.88)と(6.85)は，電気双極子によって放射される電磁波の遠方での振舞いを表わしており，これは電磁場の横波球面波となっている．時

間変動する電気双極子による電磁波の放射を，**電気双極子放射**とよんでいる．

電気双極子放射によって放射される電磁波の強さはPoyntingベクトル $\boldsymbol{P}$ によって表わすことができる．Poyntingベクトルの定義(6.42)に式(6.85)を代入すると

$$\boldsymbol{P} = \frac{1}{\mu_0 c}\boldsymbol{E}\times(\hat{\boldsymbol{r}}\times\boldsymbol{E}) = \frac{1}{\mu_0 c}\{\boldsymbol{E}^2\hat{\boldsymbol{r}}-(\boldsymbol{E}\cdot\hat{\boldsymbol{r}})\boldsymbol{E}\}$$

となる．しかるに，式(6.88)から明らかなように，$\boldsymbol{E}$ は $\hat{\boldsymbol{r}}$ と直交しているから

$$\boldsymbol{P} = \frac{1}{\mu_0 c}\boldsymbol{E}^2\hat{\boldsymbol{r}} \tag{6.89}$$

である．図6-8のように，電気双極子モーメント $\boldsymbol{d}$ をとりかこむ閉曲面 S を考え，$\boldsymbol{d}$ と角 θ をなす方向にある曲面上の1点Pのまわりの面素を $d\boldsymbol{S}$ とする．

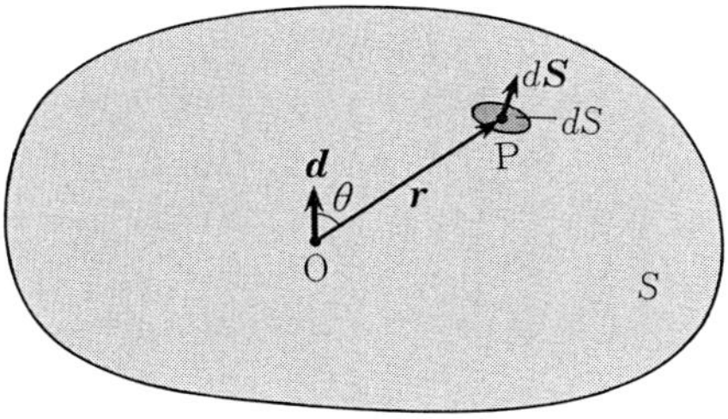

図6-8　電気双極子 $\boldsymbol{d}$ をとりかこむ閉曲面 S 上の点Pにおける面素 $d\boldsymbol{S}$．

面素 $d\boldsymbol{S}$ を通過する電磁波によって持ち去られるエネルギーは

$$\boldsymbol{P}\cdot d\boldsymbol{S} = \frac{\boldsymbol{E}^2}{\mu_0 c}\hat{\boldsymbol{r}}\cdot d\boldsymbol{S} = \frac{\mu_0}{16\pi^2 cr^2}\left|\frac{\partial^2 \boldsymbol{d}_\perp(t-r/c)}{\partial t^2}\right|^2 dS_r \tag{6.90}$$

である．ここで，dS_r は面素 $d\boldsymbol{S}$ の $\boldsymbol{r}$ 方向成分であり，閉曲面 S として球面をとれば，$dS = \boldsymbol{r}^2 \sin\theta d\theta d\phi$ であるから(ϕ は方位角である)

$$\int_S \boldsymbol{P}\cdot d\boldsymbol{S} = \frac{\mu_0}{16\pi^2 c}\int\left|\frac{\partial^2 d(t-r/c)}{\partial t^2}\sin\theta\right|^2 \sin\theta d\theta d\phi = \frac{\mu_0\,\ddot{d}(t-r/c)^2}{6\pi c} \tag{6.91}$$

を得る．ただし，$d = |\boldsymbol{d}|$ であり，$\ddot{d}$ は，電気双極子 d の時間 t についての2階微分を表わす．電気双極子放射によって放射される電磁波のエネルギーの大きさは式(6.91)によって表わされ，電気双極子モーメントの時間変化の変化率の2乗に比例していることがわかる．

6-3 円運動する点電荷による電磁波の放射

荷電粒子が加速運動すると，時間に依存する電流が流れるわけであるから，前節までにみたように，電磁波の放射が起こる．加速器によって高エネルギーの荷電粒子ビームを発生させるとき，電磁波の放射によるエネルギー損失は重大な障害となり，加速器の設計における重要な検討課題となっている．逆に，加速された荷電粒子から放射される電磁波を利用して，いろいろな物質の性質を調べるという研究もさかんに行なわれている．このような電磁波は，特に**放射光**とよばれており，物性実験において欠かすことのできない手段である．

加速器(特に円形の)で加速された荷電粒子の速度が，光速度にくらべて十分小さいときに起こる電磁波の放射を**サイクロトロン放射**，速度が十分大きくて，光速度にくらべて無視できない場合の電磁波の放射を**シンクロトロン放射**とよんでいる．

ところで，量子論を学び始めると，原子スペクトルに関連して原子模型が登場する．原子は，中心にある原子核とそのまわりを回る電子とから成り立っている．最も簡単な原子は水素原子で，中心に電荷 e の重い陽子があり，そのまわりを電荷 $-e$ の軽い電子が Coulomb 力の作用の下で回っている．このような系は，古典的な見方をすれば不安定であるが，量子論的な定常状態の概念を導入することによって，水素原子のような系の安定性が保証される．

古典的な観点からみて，水素原子のような系が不安定であるのは，円運動する電子が電磁波を放射してそのエネルギーを失うからである．この様子を，電磁気学の範囲でくわしく調べてみよう．図 6-9 に示すように，電荷 Q の荷電粒子が一定の速さ v で半径 r の円運動をする場合を考えよう．この場合は，速度の向きが変わっているのだから加速度運動であり，電磁波の放射が起こる．では，どれだけの電磁波の放射が起こり，荷電粒子の軌跡はどのようになるのであろうか．

この系に対する Maxwell 方程式を解いて遅延ポテンシャルを求め，電場と

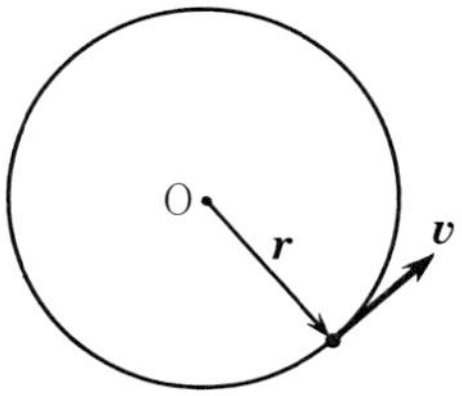

図 6-9 荷電粒子の円運動による電磁波の放射.

磁場を求める．その電場と磁場から Poynting ベクトルを計算して，全球面 S にわたって積分すれば，単位時間あたりにこの荷電粒子から放射される電磁波の全エネルギー w がわかる．ここでは紙数の都合で計算は省略するが，このエネルギー w は

$$w = \int_S \boldsymbol{P}\cdot d\boldsymbol{S} = \frac{2}{3}\frac{Q^2\dot{\boldsymbol{v}}^2}{4\pi\varepsilon_0 c^3}\frac{1}{(1-v^2/c^2)^2} \tag{6.92}$$

となることがわかっている．ここで，$\dot{\boldsymbol{v}}$ は，荷電粒子の速度 $\boldsymbol{v}$ の時間微分を表わす．式(6.92)は，シンクロトロン放射に対する正確な式である．v/c を小さいとして無視すると

$$w = \frac{2}{3}\frac{Q^2\dot{\boldsymbol{v}}^2}{4\pi\varepsilon_0 c^3} \tag{6.93}$$

となり，サイクロトロン放射に対する式となる．この式は **Larmor の公式**とよばれている．

式(6.92)または(6.93)で与えられるエネルギーは，単位時間あたりにこの荷電粒子が失うエネルギーと大きさが等しい．そこで，この荷電粒子の全エネルギーを W とすると，電磁波によって単位時間あたり持ち去られるエネルギーは $-dW/dt$ であるから

$$w = -\frac{dW}{dt} \tag{6.94}$$

が成り立つ．以下，水素原子の場合を考えることとして，$Q=-e$ ととり，電子の質量を m とする．また，電子の速さは，光速度にくらべて十分小さいので，Larmor の公式(6.93)を用いることとする．電子と陽子の間にはたらく力は Coulomb 力である．陽子は重いので静止しているとして，電子に対する運

動方程式を書くと

$$m\dot{\boldsymbol{v}} = -\frac{e^2}{4\pi\varepsilon_0 r^2}\frac{\boldsymbol{r}}{r} \tag{6.95}$$

となる．ただし，電磁波の放射によりエネルギーを失うために，電子の軌道半径が減少するという効果は，近似的に無視してもよいものとした．これを式(6.93)に代入し，式(6.94)を使うと

$$\frac{dW}{dt} = -\frac{2}{3}\frac{e^6}{(4\pi\varepsilon_0)^3 c^3 m^2 r^4} \tag{6.96}$$

が得られる．一方，電子の全エネルギー W は

$$W = \frac{1}{2}mv^2 - \frac{e^2}{4\pi\varepsilon_0 r} = -\frac{1}{2}\frac{e^2}{4\pi\varepsilon_0 r} \tag{6.97}$$

で与えられる．上の式では，$|\dot{\boldsymbol{v}}| = v^2/r$ および運動方程式(6.95)を用いた．式(6.96)と(6.97)より

$$\frac{dr}{dt} = -\frac{4}{3}\frac{e^4}{(4\pi\varepsilon_0)^2 c^3 m^2 r^2} \tag{6.98}$$

が得られる．この式は，電磁波の放射によって電子がエネルギーを失い，その回転半径が減少することを表わしている．

では，電子の回転半径はどのくらいの速さで減少するだろうか．このことをみるために，電子が陽子に引き込まれるまでの時間を求めてみよう．最初($t=0$)に電子の軌道半径は $r=a$ であったとする．電子は $t=T$ で陽子に引き込まれるものとする．すると

$$T = \int_0^T dt = -\int_a^0 \frac{3r^2 dr}{4cr_0^2} = \frac{a^3}{4cr_0^2} \tag{6.99}$$

が成り立つ．ただし，r_0 は古典電子半径とよばれるもので

$$r_0 = \frac{e^2}{4\pi\varepsilon_0 mc^2} = 2.8\times 10^{-15} \quad \mathrm{m} \tag{6.100}$$

で与えられる．電子の軌道半径 a としては，Bohr 半径 5.3×10^{-11} m をとることにすれば，水素原子の寿命 T は

$$T = 1.6\times10^{-11} \quad \mathrm{s} \qquad (6.101)$$

となる．すなわち，水素原子は，古典電磁気学の範囲で考えるかぎり，非常に不安定で一瞬にして崩壊してしまい，実在しえないものであると考えられる．

6-4 Rayleigh-Jeans の公式

ろうそくの炎の上端の部分は温度が高く，青っぽく見える．また，炎の下の部分は比較的温度が低く，赤っぽく見える．このように，放射される光の色，すなわち波長(または振動数)は，温度によって違っている．この事実を逆に利用すれば，通常の温度計では計れないような溶鉱炉の温度も，そこから放射される電磁波の振動数分布を測ることによって知ることができる．実際，19 世紀末の熱放射の研究は，当時の鉄鋼業の急速な発展によって促されたのであった．

ある空洞を考え，その中は真空であるとしよう．空洞の壁の原子や分子は，電磁波を放射したり吸収したりしている．いま，電磁波の放射と吸収は，絶対温度 T においてちょうど釣り合っていて，空洞の中は平衡状態にあるものとする．このとき，空洞の中での電磁波の振動数分布は，温度 T のみによって決まっていると考えられる．温度 T の空洞の中で，電磁波がどのような振動数分布をしているかは実験的にわかっていて，図 6-10 に示すようなものである．

図 6-10 の縦軸 $\rho(\nu)$ は，振動数 ν の電磁波のエネルギー密度(単位振動数，単位体積，単位時間当たりの)である．M. Planck は，1900 年，実験結果を正

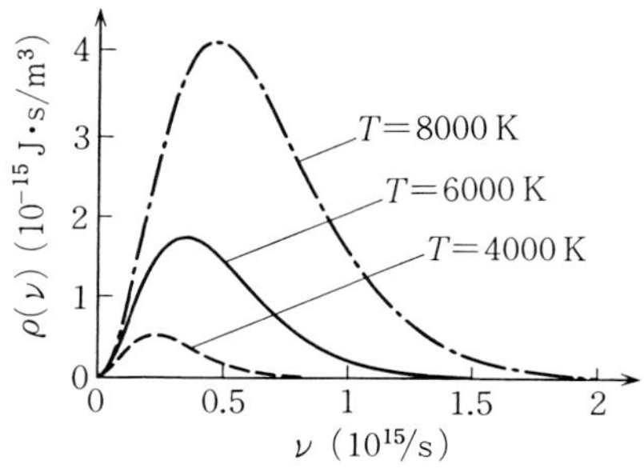

図 6-10　絶対温度 4000 度，6000 度，8000 度における電磁波の振動数分布．

しく再現する分布式

$$\rho(\nu)=\frac{8\pi h}{c^3}\frac{\nu^3}{e^{h\nu/kT}-1} \tag{6.102}$$

を，量子論的考察にもとづいて導いた．これは**Planck の分布式**とよばれている．式(6.102)において，h は Planck 定数，k は Boltzmann 定数で，その測定値はそれぞれ

$$\begin{aligned} h &= 6.626\times 10^{-34} \quad \mathrm{J\cdot s} \\ k &= 1.381\times 10^{-23} \quad \mathrm{J/K} \end{aligned} \tag{6.103}$$

である．その同じ年，Planck よりわずかに前に，L. Rayleigh は，古典論のみによって別の分布式を導いた．

$$\rho(\nu)=\frac{8\pi kT\nu^2}{c^3} \tag{6.104}$$

この分布式は，後に J. H. Jeans によって電磁気学的に厳密に導かれ，**Rayleigh-Jeans の公式**とよばれている．Rayleigh-Jeans の公式は，振動数 ν の小さいところでのみ適用できる近似式であり，Planck の分布式が正しい式であることは，今日ではよく知られていることである．実際，Planck の分布式を，$h\nu/kT$ が小さいとしてベキ展開すれば，Rayleigh-Jeans の式になることを確かめることができる．

以下では，温度 T の平衡状態にある空洞の中で，電磁波のエネルギーがどのような振動数分布をするかを調べ，Rayleigh-Jeans の公式を導くこととしよう．話を簡単にするために，空洞は1辺 L の正方形であるとし，その各辺にそって x, y, z 軸をとることとする．電荷分布も電流分布もない真空中での電磁場に対する Maxwell 方程式から，電磁場に対する波動方程式(6.5)と(6.7)が得られる．真空中では波の伝播速度は光速度 c であるから，これらの式は

$$\frac{1}{c^2}\frac{\partial^2 \boldsymbol{E}}{\partial t^2}-\Delta \boldsymbol{E}=0, \qquad \frac{1}{c^2}\frac{\partial^2 \boldsymbol{B}}{\partial t^2}-\Delta \boldsymbol{B}=0 \tag{6.105}$$

となる．電磁場 $\boldsymbol{E}$ および $\boldsymbol{B}$ の各成分はどれも同じ式(6.105)を満たすのだか

ら，どれか1つの成分のみについて議論すれば十分である．そこで，E_x を例にとって話を進めることとする．以下，簡単のために添字 x は省略しよう．$E(\boldsymbol{r},t)$ を，空間座標について Fourier 変換すると

$$E(\boldsymbol{r},t) = \int d^3k e^{-i\boldsymbol{k}\cdot\boldsymbol{r}} \hat{E}(\boldsymbol{k},t) \tag{6.106}$$

である．この式を式(6.105)に代入し，Fourier 逆変換すると，Fourier 成分 $\hat{E}(\boldsymbol{k},t)$ に対する式として

$$\frac{\partial^2 \hat{E}}{\partial t^2} + c^2 \boldsymbol{k}^2 \hat{E} = 0 \tag{6.107}$$

が得られる．式(6.107)は，振動数 ν の調和振動子に対する運動方程式

$$\frac{d^2 x}{dt^2} + (2\pi\nu)^2 x = 0 \tag{6.108}$$

と同じ形である．したがって，電磁波は，振動数が

$$\nu = \frac{c|\boldsymbol{k}|}{2\pi} = \frac{c}{2\pi}\sqrt{k_x{}^2 + k_y{}^2 + k_z{}^2} \tag{6.109}$$

であるような調和振動子の無限個の集まりであると考えてもよい．そこで，1つのベクトル $\boldsymbol{k}$ に対応する Fourier 成分 $\hat{E}(\boldsymbol{k},t)$ を振動子とよぶことにする．

いま考えている電磁波は，1辺 L の箱の中に閉じ込められているのであるから，それに応じた境界条件を満足しなければならない．箱の中の電磁波は周期的境界条件を満たすものとしよう．すなわち，箱の向かい合った2つの面で，電磁場は同じ値をとるものとする．

$$\begin{aligned} E(0,y,z,t) &= E(L,y,z,t) \\ E(x,0,z,t) &= E(x,L,z,t) \\ E(x,y,0,t) &= E(x,y,L,t) \end{aligned} \tag{6.110}$$

この条件を式(6.106)に課すると，例えば式(6.110)の第1式から

$$\int d^3k e^{-ik_y y - ik_z z}(1-e^{-ik_x L})\hat{E}(\boldsymbol{k},t) = 0 \tag{6.111}$$

が得られる．したがって，Fourier 成分は

$$\hat{E}(\boldsymbol{k}, t) = b(\boldsymbol{k}, t)\delta(1-e^{-ik_xL}) = \sum_{n_x=0,\pm1,\pm2,\cdots} a\left(\frac{2\pi n_x}{L}, k_y, k_z, t\right)\delta\left(k_x-\frac{2\pi n_x}{L}\right) \tag{6.112}$$

の形をしていなければならない．ここで

$$a(\boldsymbol{k}, t) = \frac{1}{iL}b(\boldsymbol{k}, t)$$

は未定の関数である．式(6.110)の全ての条件を考慮すると，k_y と k_z についても，式(6.112)と同様の式が得られ，結局

$$\hat{E}(\boldsymbol{k}, t) = \sum_{n_x, n_y, n_z} \delta\left(k_x-\frac{2\pi n_x}{L}\right)\delta\left(k_y-\frac{2\pi n_y}{L}\right)\delta\left(k_z-\frac{2\pi n_z}{L}\right)a(\boldsymbol{n}, t) \tag{6.113}$$

を得る．ここで，$\boldsymbol{n}$ は3つの整数からなるベクトルで $\boldsymbol{n}=(n_x, n_y, n_z)$ である．すなわち，変数 $\boldsymbol{k}$ は離散的な値 $2\pi\boldsymbol{n}/L$ のみが許され，式(6.106)は積分でなくて無限和になる．

$$E(\boldsymbol{r}, t) = \sum_{\boldsymbol{n}} e^{-i2\pi\boldsymbol{n}\cdot\boldsymbol{r}/L}a(\boldsymbol{n}, t) \tag{6.114}$$

このとき，式(6.109)で与えられる振動子の振動数も離散的になり

$$\nu = \frac{c}{L}\sqrt{{n_x}^2+{n_y}^2+{n_z}^2} \tag{6.115}$$

となる．

さて，古典統計によると，絶対温度 T において，振動数 ν の1次元調和振動子がもつ平均エネルギーは

$$\langle W\rangle = \frac{\int dxdp\,We^{-W/kT}}{\int dxdp\,e^{-W/kT}} \tag{6.116}$$

で与えられ，W に1次元調和振動子のエネルギーの式

$$W = \frac{p^2}{2m}+\frac{1}{2}\lambda x^2 \tag{6.117}$$

を代入すると

$$\langle W \rangle = kT \tag{6.118}$$

を得る．だから，温度 T の平衡状態にある電磁波も，その振動子1個あたりエネルギー kT をもつと考えられる．振動数 ν の電磁波の強度すなわちエネルギー密度 ρ を知りたければ，その振動数をもった振動子の個数を求め，それに kT をかければよいことがわかる．

振動数 ν の振動子の個数を以下で勘定しよう．式(6.115)から

$$n_x{}^2+n_y{}^2+n_z{}^2 = \left(\frac{\nu L}{c}\right)^2 \tag{6.119}$$

であるから，特定の振動数 ν に対応する整数の組 $\boldsymbol{n}=(n_x, n_y, n_z)$ は，n_x, n_y, n_z の空間で半径 $\nu L/c$ の球面上の点に対応することがわかる．そこで，振動数が ν から $\nu+\varDelta\nu$ までの間の値をとるような整数の組 $\boldsymbol{n}$ の数 $N_\nu d\nu$ は，半径 $\nu L/c$ の球と半径 $(\nu+\varDelta\nu)L/c$ の球ではさまれた領域にある点 $\boldsymbol{n}$ の数に等しい．ここで，$\varDelta\nu$ は ν にくらべて十分小さく，L は十分大きいものとする．したがって

$$N_\nu \varDelta\nu = \frac{4\pi}{3}\left\{\frac{(\nu+\varDelta\nu)L}{c}\right\}^3 - \frac{4\pi}{3}\left(\frac{\nu L}{c}\right)^3 = 4\pi\left(\frac{L}{c}\right)^3 \nu^2 \varDelta\nu \tag{6.120}$$

である．ただし，式(6.120)において，$\varDelta\nu$ の2次以上の項は無視した．

電磁波は横波であるから，その自由度は2つ（進行方向に垂直な面内の2方向）である．だから，振動数 ν の電磁波が，絶対温度 T の下で，単位時間，単位体積，単位振動数当たりに運ぶエネルギーは

$$\rho(\nu) = \frac{1}{L^3}\times 2\times 4\pi\left(\frac{L}{c}\right)^3 \nu^2 \times kT = \frac{8\pi kT\nu^2}{c^3} \tag{6.121}$$

となる．この結果は確かに式(6.104)になっている．

7 相対論的不変性

電磁気学の法則(Maxwell 方程式)が，等速直線運動するどんな系においても等しく成り立つ，という要請をおくと，これらの系の間の座標変換は，Newton 力学のときのような Galilei 変換ではなくて，Lorentz 変換でなければならない．Lorentz 変換の下で，電磁気学の法則が変わらないことを，電磁気学は Lorentz 不変(相対論的不変)であるという．本章では，等速直線運動する系の間の変換の下で，Maxwell 方程式の形が変わらないという要求から，Lorentz 変換を発見法的に導く．さらに，Maxwell 方程式を，見た目にも Lorentz 不変性が明らかなような形(共変形)に書き換える．

7-1 運動系における電磁気学

等速直線運動するどんな系においても，電磁気学の法則は同じ形をとる，すなわち，Maxwell 方程式の形は変わらない，という要請をおくと，系の間の座標変換はきまってくる．こうして得られる座標変換すなわち Lorentz 変換は，Newton 力学の相対性を保証している Galilei 変換とは異なっている．この節では，Lorentz 変換を導き，その意味を考える．

a) 相対運動と電磁場

導体と磁石とがあるとしよう．導体を磁石に向かって走らせても，磁石を導体に向かって走らせても，導体に電流が流れる．もし，導体を走らせる速さと磁石を走らせる速さが同じであれば，導体に流れる電流は同じである．

この現象に対する電磁気学的説明は次のようなものである．

まず，導体が静止している場合を考える．いま，磁石を導体に向かって走らせると，磁場が変動し，電磁誘導によって電場が発生する．この電場のために導体内部の電子が移動して電流が流れる．

逆に，磁石が静止しているとして，導体を磁石に向かって走らせたらどうだろう．この場合は，磁石は動かないのだから，そのまわりに電場は発生しない．しかし，導体の中の電子は，磁場による Lorentz 力を受けて移動を始めるので，やはり電流が流れる．

この2つの現象に対する電磁気学的説明の仕方は異なっているけれども，結果的に電流が流れるという物理現象においては全く同じである．電磁気現象においては，運動の相対性は保証されているようにみえる．電磁気学的説明の仕方が違ったのは，磁石と同じ座標系にある観測者と，導体と同じ座標系にある観測者とで，見ている電磁場の定義が変わったためであると考えられる．そうだとすると，電磁気現象においても，Newton 力学のときと同じように，互いに等速運動する2つの系で，どちらが動いていてどちらが静止しているのかを判定する方法はないということになる．すなわち，絶対静止系などというものはなく，互いの相対運動のみが意味がある．

磁石が移動すると，電磁誘導により電場が発生する．また，電流が流れると，Biot-Savart の法則に従って磁場が発生する．言い方をかえれば，磁場の運動は電場を生じ，また電場の運動は磁場を生じるということになる．もっと数学的な表現にするために，ある系 O に対して相対運動するもう1つの系 O′ を考えよう．系 O では電場とか磁場とかにみえていたものが，系 O′ では互いに入り交じってみえるということである．すなわち，互いに相対運動する2つの系の間での座標変換により，電場と磁場も変換される．

電場と磁場が，スカラーポテンシャル ϕ とベクトルポテンシャル $\boldsymbol{A}$ で表わされるということを考慮すると，このような系の変換によって，ϕ および $\boldsymbol{A}$ の 3 成分 A_x, A_y, A_z も変換を受けて，互いに入り交じるということを，上の事実が示唆しているようにみえる．

b 項と c 項で，互いに等速直線運動する 2 つの系の間の座標変換で，それにともなって電場と磁場(ポテンシャル)も適当な変換を受けるとしたとき，電磁気学の法則(Maxwell 方程式)が形を変えないようにできるかどうかについて考察してみよう．

b) Galilei 変換

Newton 力学における運動法則は，互いに等速直線運動する系ではどこでも同じように成り立つ．地表面でのボールの運動も，地表面をスムースに等速で走る電車の中でのボールの運動も，同じ形の運動方程式によって記述される(もちろん，加速度系では余分な見かけ上の力が加わるので，運動方程式は形を変える)．言い換えると，Newton 力学にもとづいて，静止状態と運動状態とを見分けることはできない．この事実は，Newton の運動方程式の **Galilei 不変性**(Galilei 変換の下での不変性)という言葉で言い表わされる．

質量 m_i $(i=1,2,3,\cdots,N)$ の N 個の質点が，それぞれ位置 $\boldsymbol{r}_i$ にあるとする．これらの質点は，相対位置のみに依存する 2 体力 $\boldsymbol{F}(\boldsymbol{r}_i-\boldsymbol{r}_j)$ に支配されているとすると，この質点系に対する Newton の運動方程式は

$$m_i\frac{d^2\boldsymbol{r}_i}{dt^2} = \sum_{j\neq i}^{N}\boldsymbol{F}(\boldsymbol{r}_i-\boldsymbol{r}_j) \tag{7.1}$$

式(7.1)で考えている系 O に対して，z 軸方向に速さ v で等速直線運動する系 O′ を考える(図 7-1)．点 P の系 O における座標を (x,y,z) とし，系 O′ における座標を (x',y',z') とすると，これらの座標の間の関係は

$$\begin{aligned} x' &= x \\ y' &= y \\ z' &= z-vt \\ t' &= t \end{aligned} \tag{7.2}$$

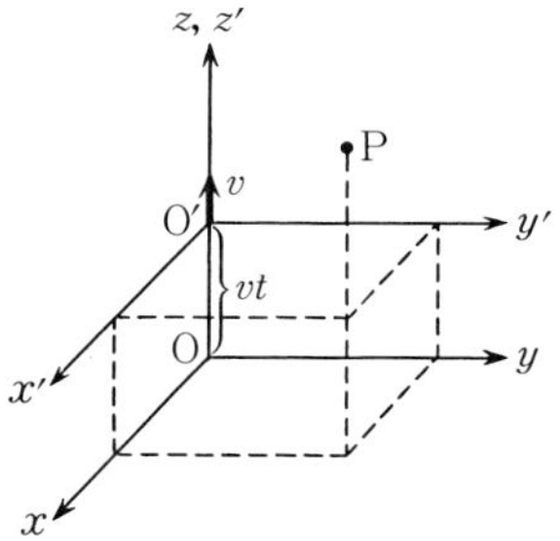

図7-1　系Oに対して等速直線運動する系O'.

である．系OとO'とで時間の刻みは同じであるということは，当然のこととして仮定されているので，このこと，$t'=t$，を式(7.2)において明記した．式(7.2)は，それぞれの質点の位置(x_i, y_i, z_i)に対しても成り立つから

$$\begin{aligned} x_i' &= x_i \\ y_i' &= y_i \\ z_i' &= z_i - vt \\ t' &= t \end{aligned} \tag{7.3}$$

である．このような座標変換を**Galilei変換**という．運動方程式(7.1)がGalilei変換(7.3)の下で不変であること，すなわち

$$m_i \frac{d^2 \boldsymbol{r}_i'}{dt^2} = \sum_{j \neq i}^{N} \boldsymbol{F}(\boldsymbol{r}_i' - \boldsymbol{r}_j') \tag{7.4}$$

は，直接計算で確かめることができる．だから，たしかにNewtonの運動方程式は，Galilei変換によって変わらない，すなわち，Galilei不変である．

それぞれ速度v_1, v_2に対応するGalilei変換を2度行なって，z座標が$z \to z' \to z''$と変わったとしよう．このとき

$$z'' = z' - v_2 t = z - (v_1 + v_2) t \tag{7.5}$$

であり，上の2つの連続した変換は，速度$v = v_1 + v_2$に対応する1つの変換と同じである．すなわち，速度は加法的に加算され，どこまでも大きくなることができる．

電磁気学でも同じことが成り立つだろうか．これを確かめるためには，Maxwell方程式(5.1)〜(5.4)について上と同じことをやってみればよい．し

かし，結果から先にいえば，この方程式を使って不変性を議論するのはたいへんめんどうで，あまり賢いことではない．この式で考える代わりに，Maxwell 方程式と同等であるがより簡単な式(5.22)～(5.24)を考えることとする．これは，Lorentz ゲージの下でのポテンシャル $\phi, \boldsymbol{A}$ に対する方程式であり，この式を解いてポテンシャルが求まると，電場 $\boldsymbol{E}$ と磁束密度 $\boldsymbol{B}$ は式(5.5)と(5.7)によって求められる．

簡単のために，真空中を考え，電荷と電流の分布はないものとする．

$$\Box\phi = 0 \tag{7.6}$$

$$\Box\boldsymbol{A} = 0 \tag{7.7}$$

$$\frac{1}{c^2}\frac{\partial\phi}{\partial t}+\mathrm{div}\,\boldsymbol{A} = 0 \tag{7.8}$$

ここで，$c=1/\sqrt{\varepsilon_0\mu_0}$ は光速度で，$\Box$ はダランベルシアン(d'Alembertian)

$$\Box = \frac{1}{c^2}\frac{\partial^2}{\partial t^2}-\Delta \tag{7.9}$$

である(通常のダランベルシアンの定義とは符号を逆にとった)．

式(7.6)～(7.8)に対して Galilei 変換(7.2)を行なうとどうなるかをみてみよう．まず手はじめに，ダランベルシアン $\Box$ を，式(7.2)で与えられる新しい座標で書き直してみる．すると

$$\Box = \Box' - \frac{2v}{c^2}\frac{\partial^2}{\partial t'\partial z'}+\frac{v^2}{c^2}\frac{\partial^2}{\partial z'^2} \tag{7.10}$$

となる．ただし，$\Box'$ は新しい座標でのダランベルシアン

$$\Box' = \frac{1}{c^2}\frac{\partial^2}{\partial t'^2}-\frac{\partial^2}{\partial x'^2}-\frac{\partial^2}{\partial y'^2}-\frac{\partial^2}{\partial z'^2} \tag{7.11}$$

である．式(7.10)より明らかなように，ダランベルシアンは Galilei 不変でない．では，ポテンシャル ϕ と $\boldsymbol{A}$ の1次変換によって，これを救う途はあるだろうか．それは無理である．しかも，Lorentz 条件(7.8)も Galilei 不変にすることができない．

それでは，電磁気学の法則は，等速相対運動する系の間で等しく成り立つと

いうふうになっていないのだろうか．a 項における議論では，このことが十分期待できると思われた．ではなぜ Galilei 不変性が保証されないのであろうか．この疑問に対するヒントは，式(7.10)の中にある．すなわち，Galilei 不変性を破っている部分は，v/c 程度又はそれ以下の大きさの項であり，実際問題としてたいへん小さい．Newton 力学が天体現象において実証されているといっても，そこで現われる速度はたかだか 100 km/s 程度である．たとえば，地球の公転速度は約 30 km/s である．だから，Newton 力学が実証されている範囲は v/c が 1/10000 にも満たない範囲だということになる．そこで考えられることは，こうである．Newton 力学もその Galilei 不変性も，v/c が十分小さいときの近似則ではないか．電磁気学は光速そのものを扱っているのだから，十分大きな速度の下でも厳密に成り立つのではないだろうか．

このような推測に立って，ここでは Galilei 変換をあきらめ，Maxwell 方程式をより基本的なものと考えて，Maxwell 方程式を不変にする座標変換を探ることとする．

c） Lorentz 変換

ポテンシャルで表わした Maxwell 方程式(7.6)～(7.8)を考える．運動は，図 7-1 のように，z 軸にそった速度 $\boldsymbol{v}$ の等速運動であるとする．Galilei 変換(7.2)の下で Maxwell 方程式が不変にならなかった原因として，座標 z のみが(7.2)に示されるような変換をして，時間 t がそのままであったためではないかと考えることができる．そこで，可能な座標変換の形として

$$\begin{aligned} x' &= x \\ y' &= y \\ z' &= pz + qt \\ t' &= rz + st \end{aligned} \tag{7.12}$$

とおいてみる．

式(7.12)で係数 p, q, r, s は未定であるが，この式が図 7-1 で表わされる座標変換であることを考えると，そのうちの 2 つは次のように決まってしまう．系 O′ の原点は $x'=y'=z'=0$ で与えられるので，系 O からみると，$x=y=0$, $z=$

$-qt/p$ に相当する．系 O′ が系 O に対して動く速さは v なのだから，$-q/p=v$ である．一方，系 O の原点は $x=y=z=0$ で与えられ，これを系 O′ からみると $x'=y'=0$，$z'=qt'/s$ になる．だから，$q/s=-v$ である．したがって

$$q=-pv, \qquad s=p$$

である．これを式(7.12)に代入すると

$$\begin{aligned} x' &= x \\ y' &= y \\ z' &= p(z-vt) \\ t' &= rz+pt \end{aligned} \tag{7.13}$$

を得る．式(7.13)を用いて，ダランベルシアン □ を新しい座標で書き直せば

$$\begin{aligned} \Box = \Box' &+ \left(\frac{p^2-1}{c^2}-r^2\right)\frac{\partial^2}{\partial t'^2}-2p\left(\frac{vp}{c^2}+r\right)\frac{\partial^2}{\partial t'\partial z'} \\ &+\left(\frac{v^2}{c^2}p^2-p^2+1\right)\frac{\partial^2}{\partial z'^2} \end{aligned} \tag{7.14}$$

となる．ここで □ が □′ に一致することを要求すると，$p>0$ ととって，

$$p=\frac{1}{\sqrt{1-v^2/c^2}} \tag{7.15a}$$

$$r=-\frac{v}{c^2}p \tag{7.15b}$$

でなければならない．これをもとの式(7.13)に代入すると

$$\begin{aligned} x' &= x \\ y' &= y \\ z' &= \frac{z-vt}{\sqrt{1-v^2/c^2}} \\ t' &= \frac{t-vz/c^2}{\sqrt{1-v^2/c^2}} \end{aligned} \tag{7.16}$$

が得られる．式(7.16)で，v/c より小さい項を無視すれば，たしかに Galilei 変換(7.2)になっている．しかし，v が光速度 c にくらべて無視できないくら

い大きくなると，Galilei 変換とは全く違ったものになる．ここで得られた変換(7.16)は，**Lorentz 変換**(z 軸方向への等速直線運動に対する)とよばれる．Lorentz 変換(7.16)は，今後しばしば使うので，もっと扱い易いように簡単な記号で書き表わしておこう．

$$\begin{aligned} x' &= x \\ y' &= y \\ z' &= \gamma(z - vt) \\ ct' &= \gamma(ct - \beta z) \end{aligned} \tag{7.17}$$

ただし，β と γ は次式で定義される．

$$\beta = \frac{v}{c} \tag{7.18}$$

$$\gamma = \frac{1}{\sqrt{1-\beta^2}} \tag{7.19}$$

Lorentz 変換の下では，ダランベルシアンが変わらないので，ポテンシャルに対する Maxwell 方程式のうちの最初の 2 つ，(7.6)と(7.7)，が不変に保たれそうである．第 3 の式(7.8)はどうであろうか．Lorentz 変換(7.17)によって，式(7.8)の微分を新しい座標についての微分で書き直すと，計算の結果

$$\frac{1}{c^2}\gamma\frac{\partial}{\partial t'}(\phi - vA_z) + \frac{\partial A_x}{\partial x'} + \frac{\partial A_y}{\partial y'} + \gamma\frac{\partial}{\partial z'}\left(A_z - \frac{v}{c^2}\phi\right) = 0 \tag{7.20}$$

となる．これは，見た目には，形が変わったようにみえる．しかしながら，a 項でも述べたように，電磁場は，座標変換によってその成分が入り交じると考えられ，そのポテンシャルも成分が入り交じると考えねばならない．そこで，ポテンシャル ϕ と $\boldsymbol{A}$ は，Lorentz 変換(7.17)の下で，変換則

$$\begin{aligned} A_x' &= A_x \\ A_y' &= A_y \\ A_z' &= \gamma\left(A_z - \frac{v}{c^2}\phi\right) \\ \phi' &= \gamma(\phi - vA_z) \end{aligned} \tag{7.21}$$

に従うものとしてみよう．すると，式(7.20)は

$$\frac{1}{c^2}\frac{\partial\phi'}{\partial t'}+\mathrm{div}'\boldsymbol{A}'=0 \tag{7.22}$$

と書くことができ，もとの式(7.8)と同じ形になる(div′ は新しい座標についての div のことである)．式(7.21)も Lorentz 変換(ポテンシャルに対する)という．

ポテンシャルが式(7.21)のような変換に従うとしても，式(7.6)と(7.7)はいぜんとして形を変えない．なぜなら，式(7.6)と(7.7)が成り立てば，その適当な 1 次結合もまた成り立つからである．

以上の考察から，電荷と電流の分布がない場合の Maxwell 方程式(7.6)～(7.8)は，Lorentz 変換(7.17)と(7.21)の下でその形を変えない，すなわち **Lorentz 不変**である，ということがわかる．

電荷と電流の分布がある場合への拡張は容易である．この場合，式(7.6)～(7.8)は

$$\Box\phi=\frac{1}{\varepsilon_0}\rho \tag{7.23}$$

$$\Box\boldsymbol{A}=\mu_0\boldsymbol{j} \tag{7.24}$$

$$\frac{1}{c^2}\frac{\partial\phi}{\partial t}+\mathrm{div}\,\boldsymbol{A}=0 \tag{7.25}$$

となる．この方程式が Lorentz 不変であるためには，電荷密度 ρ と電流密度 $\boldsymbol{j}$ も，ϕ や $\boldsymbol{A}$ と同じように変換しなければならない．その変換は

$$\begin{aligned}
j_x' &= j_x\\
j_y' &= j_y\\
j_z' &= \gamma(j_z-v\rho)\\
\rho' &= \gamma\left(\rho-\frac{v}{c^2}j_z\right)
\end{aligned} \tag{7.26}$$

であればよいことは明らかである．式(7.26)も Lorentz 変換という．

結局，まとめると，ポテンシャルで書き表わした Maxwell 方程式は，Lorentz変換の下でその形を変えない，ということがわかった．厳密にいうと，上の言い方は不正確である．Lorentz変換で，式や物理量が全く変わらないときが，Lorentz不変なのであって，式や物理量がその形のみを変えないときは，Lorentz共変というべきである．しかしながら，場合によっては，厳密性は欠くけれども不変ということばも使うことにしよう．Maxwell方程式が，Lorentz変換の下で形を変えないことを，見た目にも明らかなように書き表わすことを，「共変形式で表わす」という．7-2節では，Maxwell方程式を共変形式で書き表わす方法について説明する．

Lorentz変換(7.16)は，z軸方向への等速直線運動という特別な場合であるが，任意の方向への等速直線運動の場合にも拡張することができる．この場合は，Lorentz変換はもっと一般の1次変換となり，変換の係数は速度$\boldsymbol{v}$の複雑な関数となる．本書では，この一般形を必要としないので，ここに書き下すことはしない．

7-2 特殊相対性理論

前節で，Maxwell方程式はLorentz共変であるということを示した．この事実を基本的なものであると考えると，電磁気学にかぎらずすべての物理法則はLorentz不変性を満たすべきであって，そうでない経験則は近似則であるということになる．

この節では，Lorentz不変性と光速度不変の原理にもとづく理論的な枠組み，すなわち特殊相対性理論，について簡単に解説し，4次元テンソルという概念を導入する．

a) 特殊相対性原理

Lorentz変換(7.17)はダランベルシアン$\Box$を不変に保つ変換である．1次変換にすこし慣れた人なら，ダランベルシアンを不変に保つ変換は，2次形式

$$x^2+y^2+z^2-c^2t^2 \tag{7.27}$$

も不変に保つということを知っているであろう．実際，式(7.17)の逆変換

$$\begin{aligned} x &= x' \\ y &= y' \\ z &= \gamma(z'+vt') \\ ct &= \gamma(ct'+\beta z') \end{aligned} \tag{7.28}$$

を式(7.27)に代入し，いくらか計算をすると

$$x'^2+y'^2+z'^2-c^2t'^2 \tag{7.29}$$

となることを示すことができる．

ところで，原点 $x=y=z=0$ を時刻 $t=0$ に出た光の波面は，時刻 t には半径 ct の球面となる．だから，原点から発散する波面の式は

$$r = ct \tag{7.30}$$

であり，原点に向かって収縮してくる光の波面は

$$r = -ct \tag{7.31}$$

で表わされる．ここで，r は波面の 1 点から原点までの距離である．式(7.30)および(7.31)は，式(7.27)をゼロとおいたもの，すなわち

$$x^2+y^2+z^2 = c^2t^2 \tag{7.32}$$

に他ならない．だから，Lorentz 変換は光の波面の式を不変に保つ，ということができる．そうだとすると，Lorentz 変換によって，光速度 c は変わることはなく，どの座標系から見ても c のままである．

A. Einstein は，1905 年に発表した彼の有名な論文の中で，**特殊相対性原理**（等速相対運動する系の間では物理法則が変わらないこと）と**光速度不変の原理**（光速度は座標系によらず一定であること）に基づいて，Lorentz 変換(7.16)を導いている．

H. A. Lorentz は 1890 年頃から，運動する荷電粒子に Maxwell 理論を適用することを考えており，運動系での正しい電磁気学を構成するためには，運動物体の短縮とか運動物体固有の時刻とかが必要であることを指摘していた．1904 年になると，Lorentz は，運動系の電磁気学を正しく記述するためには，運動系に固有の座標と時刻が必要であることを示した．この座標を，彼のいう「静止系」の座標で表わすと，式(7.16)になる．この式が Lorentz 変換とよば

れるのはこのためである．J. H. Poincaré は，この Lorentz の考えをさらに発展させて運動系の電磁気学を構築した．

運動系の電磁気学の数学的な形式のみに話を限れば，Lorentz と Poincaré によってすでに必要な式は全て導かれていたということができよう．しかしながら，彼らは，当時光波の媒体としてなければならないと考えられていたエーテルの概念から抜けきれず，運動系に固有の座標と時刻は，このエーテルの中に静止した系との関係においてのみ考えられていた．Einstein は，エーテルの概念は光波を考える上で全く必要でないこと，Lorentz 変換は相対運動する系における電磁気学の不変性という観点から必要なもので，時間空間がもっている固有の性質であることを指摘して，時間空間に対するこれまでの考え方を覆してしまった点で大きな貢献をしたのである．

Einstein のこの考えは，その後，H. Minkowski によって数学的に美しく定式化され，電磁気学だけでなく物理学全体が，特殊相対性原理と光速度不変の原理の下に，4 次元時空における理論として書き直されるということが判明した．このように，特殊相対性原理と光速度不変の原理に立脚して，物理学の理論を構成しようとする理論的枠組みを，**特殊相対性理論**という．さらに，特殊相対性原理を一般相対性原理（任意の加速系においても物理法則は変わらないという要請）におきかえ，かつ，重力と加速度の等価性の仮定をおいたものは，**一般相対性理論**とよばれる．一般相対性理論は，Einstein が 1907 年から 1915 年にかけて完成させた重力の理論である．

系 O′ の原点を中心とする静止した半径 R の剛体球

$$x'^2+y'^2+z'^2 = R^2 \tag{7.33}$$

を考える．この球を系 O から眺めると，時刻 $t=0$ では

$$x^2+y^2+\frac{z^2}{1-v^2/c^2} = R^2 \tag{7.34}$$

となり，z 軸にそってつぶれた楕円体のようにみえる．この現象は球に限られたことではない．長さ l の剛体棒を，その長さの方向に速度 v で走らせると，その棒は縮んで，長さが $l\sqrt{1-v^2/c^2}$ になったように見える．これを **Lorentz**

短縮とよぶ．

系 O′ の原点にある時計が刻む時刻を t' とすると，この時刻は系 O の変数とは

$$t' = \frac{t - vz/c^2}{\sqrt{1-v^2/c^2}} \tag{7.35}$$

の関係にある．系 O で見ると系 O′ の原点は $z = vt$ の位置にあるのだから，式(7.35)は

$$t' = t\sqrt{1-v^2/c^2} \tag{7.36}$$

と書ける．すなわち，走っている時計は遅れているように見える．

系 O に対して速度 v で走る系 O′ の他に，さらに系 O′ に対して速度 v' で走る系 O″ を考えよう．進行方向は z 軸方向であるとする．O→O′ の Lorentz 変換は式(7.17)で与えられている．O′→O″ の Lorentz 変換は

$$\begin{aligned} x'' &= x' \\ y'' &= y' \\ z'' &= \gamma'(z' - \beta' ct') \\ ct'' &= \gamma'(ct' - \beta' z') \end{aligned} \tag{7.37}$$

である．ここで，β' と γ' は，β と γ において v を v' でおきかえたものである．式(7.37)に(7.17)を代入すると

$$\begin{aligned} x'' &= x \\ y'' &= y \\ z'' &= \gamma\gamma'(1+\beta\beta')\left(z - \frac{\beta+\beta'}{1+\beta\beta'}ct\right) \\ ct'' &= \gamma\gamma'(1+\beta\beta')\left(ct - \frac{\beta+\beta'}{1+\beta\beta'}z\right) \end{aligned} \tag{7.38}$$

となる．式(7.38)は，系 O から系 O″ への直接の変換を表わしている．系 O″ の系 O に対する速度を V とすると，式(7.38)から

$$V = \frac{v+v'}{1+vv'/c^2} \tag{7.39}$$

である．式(7.39)が相対論的な速度の合成則である．

この速度合成則によると，速度 v, v' が光速度 c より小さければ，速度 V も光速度 c 以下であることがわかる．なぜなら

$$c-V = \frac{c(1-v/c)(1-v'/c)}{1+vv'/c^2} > 0$$

だからである．したがって，特殊相対性理論においては，速度をどんなに加え合わせても，光速度を越えることはできない．古典力学においては，速度は単に加法的に合成された．だから，次々と速度を加え合わせていけば，いくらでも大きな速度に到達することができた．特殊相対性理論によると，これは許されない．光速度を越えて伝播する物理現象はあり得ないのである．

b） 4次元時空とテンソル

Lorentz ゲージでのポテンシャルに対する Maxwell 方程式(7.6)～(7.8)または(7.23)～(7.25)は，Lorentz 変換(7.17)と(7.21)および(7.26)の下で不変であることを7-1節c項でみた．

その際，いろいろな物理量について，時間と空間とを区別して別の記号を用いていた．例えば，t と $\boldsymbol{r}$，ϕ と $\boldsymbol{A}$，ρ と $\boldsymbol{j}$，などのようにである．しかしながら，Lorentz 変換によって時間部分と空間部分は交じってしまうのであるから，時間と空間をあまり区別して扱う理由はなさそうである．そこで，時間と空間は対等なものだと考えて，いつも一緒に扱うことにする．すなわち，時間と空間をあわせた4次元の空間(これを**4次元時空**という)を考えることになる．

H. Minkowski は，1908年9月21日にケルンで開催されたドイツ自然科学者会議で，「空間と時間」と題する講演を行ない，「私は皆さんに新しい空間と時間の描像についてお話したいと思います．この描像は，実験物理学という土壌の上に芽生えたものでありまして，そこに強みがあるといえましょう．この描像は革命的なものです．これからは，空間それ自身とか時間それ自身とかいう概念は影にかくれてしまう運命にあり，空間と時間の融合体のようなもののみが，独立した実在性をもつといえるでしょう」と述べて，4次元時空を考えることの重要性を指摘した．Minkowski は，Einstein の考えに，4次元時空

にもとづいた数学的な定式化を与えた．通常の3次元空間をEuclid空間というように，この4次元時空のことを**Minkowski空間**という．

いま，$(ct, \boldsymbol{r})$ を4次元のベクトルと考え

$$\begin{aligned} x^0 &= ct \\ x^1 &= x \\ x^2 &= y \\ x^3 &= z \end{aligned} \tag{7.40}$$

とおく．式(7.40)で表わされる4次元ベクトルの各成分を

$$x^\mu \qquad (\mu=0,1,2,3) \tag{7.41}$$

とギリシア文字の添字を使って表わす習慣になっている．また，4次元ベクトルの (x^0, x^1, x^2, x^3) そのものを

$$x^\mu = (x^0, x^1, x^2, x^3) = (ct, \boldsymbol{r}) \tag{7.42}$$

のように表わすこともある．Lorentz変換を，一般に4次元時空の1次変換とみなして

$$x^{\mu\prime} = a^\mu{}_\nu x^\nu \tag{7.43}$$

と書く．ここで，係数 $a^\mu{}_\nu$ はLorentz変換を表わす定数である．また，式の中で同じギリシア文字が現われたら和をとるものと約束する．すなわち

$$a^\mu{}_\nu x^\nu = \sum_{\nu=0}^{3} a^\mu{}_\nu x^\nu \tag{7.44}$$

である．特に，z 軸方向へ速度 v で相対運動する系に対するLorentz変換は式(7.17)で与えられるが，これに対応する係数は

$$\begin{aligned} &a^0{}_0 = \gamma, && a^0{}_1 = 0, && a^0{}_2 = 0, && a^0{}_3 = -\gamma\beta \\ &a^1{}_0 = 0, && a^1{}_1 = 1, && a^1{}_2 = 0, && a^1{}_3 = 0 \\ &a^2{}_0 = 0, && a^2{}_1 = 0, && a^2{}_2 = 1, && a^2{}_3 = 0 \\ &a^3{}_0 = -\gamma\beta, && a^3{}_1 = 0, && a^3{}_2 = 0, && a^3{}_3 = \gamma \end{aligned} \tag{7.45}$$

と与えられる．

座標の4次元ベクトル x^μ と同じように，電磁場のポテンシャル $(\phi/c, \boldsymbol{A})$ も4次元ベクトルとみなして

$$A^\mu = (A^0, A^1, A^2, A^3) = (\phi/c, \boldsymbol{A}) \tag{7.46}$$

と書く．すると，式(7.21)から，A^μ は座標 x^μ と全く同じ変換に従うことがわかる．すなわち

$$A^{\mu\prime} = a^\mu{}_\nu A^\nu \tag{7.47}$$

である．電荷電流密度も

$$j^\mu = (j^0, j^1, j^2, j^3) = (c\rho, \boldsymbol{j}) \tag{7.48}$$

のような4次元ベクトルと考えれば，Lorentz 変換の式(7.26)は，やはり

$$j^{\mu\prime} = a^\mu{}_\nu j^\nu \tag{7.49}$$

となる．

Lorentz 変換は，2次形式(7.27)を不変に保つ．この2次形式を4次元ベクトル x^μ を用いて書くと

$$(x^1)^2+(x^2)^2+(x^3)^2-(x^0)^2 \tag{7.50}$$

である．この式では，最後の項にマイナス符号があるので，単純な和で表わせない．特に，先ほどから使っている「同じギリシア文字が現われたら和をとる」という便法が使えない．そこで，新たに共変ベクトル x_μ というものを導入する．

$$x_\mu = (x_0, x_1, x_2, x_3) = (ct, -\boldsymbol{r}) \tag{7.51}$$

これに対して，前に導入した x^μ を反変ベクトルという．A^μ や j^μ も反変ベクトルである．一般にギリシア文字の添字が上についたものを**反変**，下についたものを**共変**とよぶこととする．反変座標ベクトル x^μ と共変座標ベクトル x_μ とは，空間座標の符号が違っているだけである．これらの間の関係を

$$x_\mu = g_{\mu\nu} x^\nu \tag{7.52}$$

と表わす．$g_{\mu\nu}$ は**計量テンソル**(metric tensor)とよばれるものであり

$$\begin{gathered} g_{00} = 1, \quad g_{11} = g_{22} = g_{33} = -1 \\ \text{その他} = 0 \end{gathered} \tag{7.53}$$

で与えられる．この計量テンソルは共変テンソルであり，これの逆行列は反変テンソル $g^{\mu\nu}$ で，これを用いて

$$x^\mu = g^{\mu\nu} x_\nu \tag{7.54}$$

と表わすことができる．

2 次形式(7.50)は，x^{μ} と x_{μ} を用いると

$$-x^{\mu}x_{\mu} \quad (= -g_{\mu\nu}x^{\mu}x^{\nu}) \tag{7.55}$$

と書くことができる．2 次形式(7.55)が Lorentz 不変なのだから

$$x^{\mu}x_{\mu} = x^{\mu\prime}x_{\mu}{}' \tag{7.56}$$

である．Lorentz 変換の式(7.43)を上の式に代入すると，変換の係数 $a^{\mu}{}_{\nu}$ に対する条件式として

$$a^{\mu}{}_{\lambda}g_{\mu\nu}a^{\nu}{}_{\rho} = g_{\lambda\rho} \tag{7.57}$$

を得る．変換係数 $a^{\mu}{}_{\nu}$ の具体的な例(7.45)は，たしかに式(7.57)を満たしている．変換係数 $a^{\mu}{}_{\nu}$ は実数であり，4 行 4 列の行列の成分とみなすことができる．もし，計量テンソル $g_{\mu\nu}$ が Kronecker デルタであれば，上の条件式(7.57)は，直交行列の成分に対する条件になる．直交行列の集まりは回転群をなすということはよく知られている．いまの場合は，計量テンソルは Kronecker デルタとは一部符号が異なっている．だから，変換係数は直交行列の成分ではない．しかし，式(7.57)を満たす行列の集まりも，群の条件を満足することを示すことができる．変換係数 $a^{\mu}{}_{\nu}$ に対応する行列の集まりのつくる群を **Lorentz 群**という．

一般に，Lorentz 変換

$$U^{\mu\prime} = a^{\mu}{}_{\nu}U^{\nu} \tag{7.58}$$

に従う量 U^{μ} を**反変ベクトル**という．これに対する**共変ベクトル** U_{μ} は

$$U_{\mu} = g_{\mu\nu}U^{\nu} \tag{7.59}$$

で与えられる．2 つの反変ベクトル U^{μ}, V^{μ} からつくられた双 1 次形式

$$g_{\mu\nu}U^{\mu}V^{\nu} \quad (= U^{\mu}V_{\mu}) \tag{7.60}$$

は Lorentz 不変である．これは，式(7.57)と(7.58)を用いて直ちに確かめることができる．

式(7.60)で与えられる双 1 次形式を，Minkowski 空間におけるベクトルの内積とみなして

$$U\cdot V = U^{\mu}V_{\mu} = g_{\mu\nu}U^{\mu}V^{\nu} \tag{7.61}$$

と書くことがある．また，$V=U$ の場合は

$$U^2 = U^\mu U_\mu \tag{7.62}$$

と書く．たとえば，

$$x^2 = x^\mu x_\mu = c^2t^2-\boldsymbol{r}^2 \tag{7.63}$$

である．

反変ベクトルと共変ベクトルの概念をさらに拡張して，テンソルという量を導入することができる．Lorentz 変換によって

$$U^{\mu_1\mu_2\cdots\mu_n\prime} = a^{\mu_1}{}_{\nu_1}a^{\mu_2}{}_{\nu_2}\cdots a^{\mu_n}{}_{\nu_n}U^{\nu_1\nu_2\cdots\nu_n} \tag{7.64}$$

のように変換する量 $U^{\mu_1\mu_2\cdots\mu_n}$ を，n 階の**反変テンソル**という．n 階の反変テンソルからつくられる

$$U_{\mu_1\mu_2\cdots\mu_n} = g_{\mu_1\nu_1}g_{\mu_2\nu_2}\cdots g_{\mu_n\nu_n}U^{\nu_1\nu_2\cdots\nu_n} \tag{7.65}$$

を，n 階の**共変テンソル**という．また

$$U_{\mu_1\cdots\mu_m}{}^{\nu_1\cdots\nu_n} = g_{\mu_1\mu_1'}\cdots g_{\mu_m\mu_m'}U^{\mu_1'\cdots\mu_m'\nu_1\cdots\nu_n} \tag{7.66}$$

のように，上の添字と下の添字が混じったものを n 階の**混合テンソル**という．反変ベクトル U^μ（共変ベクトル U_μ）は，1階の反変テンソル（1階の共変テンソル）ということもできる．前に定義した（反変）計量テンソル $g^{\mu\nu}$ は，2階の反変テンソルである．計量テンソル $g^{\mu\nu}$ は特殊なテンソルで，Lorentz 変換によって不変である．実際

$$g^{\mu\nu} = a^\mu{}_\lambda a^\nu{}_\rho g^{\lambda\rho} \tag{7.67}$$

が成り立つ．このため，計量テンソルは**不変テンソル**ともよばれる．

上で述べたベクトルの内積のように，Lorentz 変換によって変わらない量をスカラーという．スカラーは，定義により不変量である．一般に，テンソルから

$$U^{\mu_1\mu_2\cdots\mu_n}U_{\mu_1\mu_2\cdots\mu_n} \tag{7.68}$$

のような量を作れば，それはスカラーである．式(7.68)が不変であることは，変換(7.64)を代入してみればすぐわかる．

7-3 共変形式の Maxwell 方程式

7-1 節で，Maxwell 方程式は Lorentz 共変であることがわかった．この節では，Maxwell 方程式の Lorentz 共変性を，もっと見た目にも明らかな形で表わすことを考える．そのためには，時間と空間をあわせた 4 次元時空 (Minkowski 空間)のテンソルを用いて，物理法則を書き直す必要がある．

ポテンシャルに対する Maxwell 方程式(7.23)～(7.25)を，7-2 節 b 項で与えた 4 次元的な記号を用いて書き直すと

$$\Box A^{\mu} = \mu_0 j^{\mu} \tag{7.69}$$

$$\partial_{\mu} A^{\mu} = 0 \tag{7.70}$$

となる．ただし，4 次元微分演算子ベクトル ∂_{μ} は

$$\partial_{\mu} = (\partial_0, \partial_1, \partial_2, \partial_3) = \left(\frac{\partial}{c\partial t}, \nabla\right) \tag{7.71}$$

で定義され，Lorentz 変換は $\partial^{\mu} = g^{\mu\nu}\partial_{\nu}$ に対して

$$\partial^{\mu\prime} = a^{\mu}{}_{\nu}\partial^{\nu} \tag{7.72}$$

となる．

Maxwell 方程式を，式(7.69)と(7.70)のように書いてしまうと，Lorentz 変換(7.43), (7.47), (7.49)の下で式が変わらないことは，変換をやってみるまでもなく，一目瞭然である．なぜなら，式(7.69)の両辺に Lorentz 変換をほどこせば，この式は $A^{\mu\prime}$ と $j^{\mu\prime}$ に対する同じ形の式になるし，式(7.70)の $\partial_{\mu}A^{\mu}$ は双 1 次形式であるから，7-2 節 b 項で述べた理由により，Lorentz 不変である．

次に，もともとの Maxwell 方程式(5.1)～(5.4)も共変形式に書き換えることができることを示そう．真空中での Maxwell 方程式

$$\mathrm{div}\,\boldsymbol{E} = \frac{1}{\varepsilon_0}\rho \tag{7.73}$$

$$\mathrm{div}\,\boldsymbol{B} = 0 \tag{7.74}$$

$$\frac{1}{\mu_0}\mathrm{rot}\,\boldsymbol{B}-\varepsilon_0\frac{\partial \boldsymbol{E}}{\partial t} = \boldsymbol{j} \tag{7.75}$$

$$\mathrm{rot}\,\boldsymbol{E}+\frac{\partial \boldsymbol{B}}{\partial t} = 0 \tag{7.76}$$

を考えよう．5-2 節で議論したように，式(7.74)と(7.76)から，電場 $\boldsymbol{E}$ と磁束密度 $\boldsymbol{B}$ は，式(5.5)と(5.7)のように，ポテンシャル ϕ と $\boldsymbol{A}$ で表わされることがわかる．すなわち

$$\boldsymbol{B} = \mathrm{rot}\,\boldsymbol{A} \tag{5.5}$$

$$\boldsymbol{E} = -\mathrm{grad}\,\phi-\frac{\partial \boldsymbol{A}}{\partial t} \tag{5.7}$$

である．

まず，式(5.5)と(5.7)を，4 次元的な記号を用いて書き改めることを考えよう．いま

$$E^1 = E_x, \quad E^2 = E_y, \quad E^3 = E_z$$

のように，x, y, z 成分を 1,2,3 と書くことにし，このための添字をローマ字 i, $j, k, \cdots$ を用いて表わすこととする．すると

$$E^i = (E^1, E^2, E^3) = (E_x, E_y, E_z)$$

となる．この記号を用いると，式(5.7)は

$$E^i = c(\partial^i A^0-\partial^0 A^i) \tag{7.77}$$

と書ける．同様にして，式(5.5)は

$$B^i = -\varepsilon^{ijk}\partial^j A^k \tag{7.78}$$

と書くことができる．ここで，ε^{ijk} は**3 次元反対称テンソル**とよばれるもので

$$\varepsilon^{ijk} = \begin{cases} +1 & ((i,j,k)\text{ が }(1,2,3)\text{ およびその偶置換のとき}) \\ -1 & ((i,j,k)\text{ が }(1,2,3)\text{ の奇置換のとき}) \\ 0 & (\text{その他のとき}) \end{cases} \tag{7.79}$$

で定義される．式(7.78)で，同じ添字については 1 から 3 まで和をとる．反対称テンソルの性質

$$\varepsilon^{lmi}\varepsilon^{ijk} = \delta^{lj}\delta^{mk}-\delta^{lk}\delta^{mj} \tag{7.80}$$

を用いると，式(7.78)から

$$\varepsilon^{lmi}B^i = -\partial^l A^m + \partial^m A^l \tag{7.81}$$

を得る．ここで，δ^{ij} は Kronecker デルタで

$$\delta^{ij} = \begin{cases} 1 & (i=j\text{ のとき}) \\ 0 & (i\neq j\text{ のとき}) \end{cases} \tag{7.82}$$

である．

4 次元反変テンソル $F^{\mu\nu}$ を

$$F^{\mu\nu} = \partial^\mu A^\nu - \partial^\nu A^\mu \tag{7.83}$$

で定義すると，式(7.77)と(7.81)は，このテンソルによって

$$\begin{aligned} E^i &= cF^{i0} \\ \varepsilon^{ijk}B^k &= -F^{ij} \end{aligned} \tag{7.84}$$

と書き表わすことができる．このテンソル $F^{\mu\nu}$ を電磁場テンソルとよぶ．式(7.84)を具体的に書き下せば，テンソル $F^{\mu\nu}$ は，電場 $\boldsymbol{E}$ および磁束密度 $\boldsymbol{B}$ と次のような関係にあることがわかる

$$F^{\mu\nu} = \begin{pmatrix} 0 & -E_x/c & -E_y/c & -E_z/c \\ E_x/c & 0 & -B_z & B_y \\ E_y/c & B_z & 0 & -B_x \\ E_z/c & -B_y & B_x & 0 \end{pmatrix} \tag{7.85}$$

ここで，$\mu=0,1,2,3$ がこの行列の行を表わし，$\nu=0,1,2,3$ が列を表わすものとした．

次に，式(7.73)と(7.75)を，4 次元的な記号を用いて書き改めることとする．式(7.73)より

$$-\varepsilon_0\partial^i E^i = j^0/c \tag{7.86}$$

が得られ，式(7.75)から

$$-\frac{1}{\mu_0}\varepsilon^{ijk}\partial^j B^k - \varepsilon_0 c\partial^0 E^i = j^i \tag{7.87}$$

が得られる．式(7.86)と(7.87)とは

$$\partial_i F^{i0} = \mu_0 j^0 \tag{7.88}$$

$$\partial_\mu F^{\mu i} = \mu_0 j^i \tag{7.89}$$

という形にまとまる．したがって，この 2 つの式は，まとめて 4 次元的に

$$\partial_\mu F^{\mu\nu} = \mu_0 j^\nu \tag{7.90}$$

と書くことができる．

ここまでのところ，式(7.74)と(7.76)の助けをかりてポテンシャルを導入し，ポテンシャルを通してテンソル $F^{\mu\nu}$ を定義し，それを用いて式(7.73)と(7.75)を 4 次元的な記号で書き改めた．この式(7.90)は，明らかに Lorentz 共変である．

さらに，式(7.74)と(7.76)を 4 次元的な式に書き変えよう．式(7.73)は

$$\partial_i B^i = 0 \tag{7.91}$$

と書ける．B^i とポテンシャルの関係式(7.78)および F^{ij} とポテンシャルの関係式(7.83)を考慮すると，式(7.91)は

$$\partial^1 F^{23} + \partial^2 F^{31} + \partial^3 F^{12} = 0 \tag{7.92}$$

と書くことができる．式(7.76)のほうは

$$-\varepsilon^{ijk}\partial^j E^k + c\partial^0 B^i = 0$$

と書けるから，両辺に ε^{lmi} をかけて i で和をとると

$$-\partial^l E^m + \partial^m E^l + c\varepsilon^{lmi}\partial^0 B^i = 0$$

となる．したがって，式(7.84)に注意すると

$$\partial^i F^{j0} + \partial^j F^{0i} + \partial^0 F^{ij} = 0 \tag{7.93}$$

を得る．式(7.92)と(7.93)が，式(7.74)と(7.76)に対応する式である．この 2 つの式(7.92)と(7.93)は，次の単一の式にまとめることができる．

$$\partial^\lambda F^{\mu\nu} + \partial^\mu F^{\nu\lambda} + \partial^\nu F^{\lambda\mu} = 0 \tag{7.94}$$

この式はまた

$$\partial_\mu \tilde{F}^{\mu\nu} = 0 \tag{7.95}$$

と同等であることを示すことができる．ただし，$\tilde{F}^{\mu\nu}$ は $F^{\mu\nu}$ のデュアルテンソルとよばれるもので，

$$\tilde{F}^{\mu\nu} = \frac{1}{2}\varepsilon^{\mu\nu\lambda\rho}F_{\lambda\rho} \tag{7.96}$$

で与えられ，$\varepsilon^{\mu\nu\lambda\rho}$は，3 次元反対称テンソル(7.79)を 4 次元に拡張したもので，**4 次元反対称テンソル**とよばれ

$$\varepsilon^{\mu\nu\lambda\rho} = \begin{cases} +1 & ((\mu,\nu,\lambda,\rho) \text{ が } (0,1,2,3) \text{ およびその偶置換のとき}) \\ -1 & ((\mu,\nu,\lambda,\rho) \text{ が } (0,1,2,3) \text{ の奇置換のとき}) \\ 0 & (\text{その他のとき}) \end{cases} \tag{7.97}$$

で定義される．

結局，Maxwell 方程式は，4 次元的な記法の下では，式(7.90)と(7.95)になる．ここで，電磁場のテンソル $F^{\mu\nu}$ は，電場や磁場と式(7.84)または(7.85)を通して関係づけられている．

また，Maxwell 方程式を 4 次元ポテンシャル A^μ で表わすには，式(7.83)を式(7.90)に代入すればよくて

$$\Box A^\mu - \partial^\mu \partial_\nu A^\nu = \mu_0 j^\mu \tag{7.98}$$

となる．この式は Lorentz 条件(7.70)の下では，Lorentz ゲージの Maxwell 方程式(7.69)になっている．さらに，式(7.98)の両辺の 4 次元的発散をとると

$$\partial_\mu j^\mu = 0 \tag{7.99}$$

となり，電荷の保存則(3.3)が満たされていることが直ちにわかる．

ゲージ変換(5.18)，(5.19)も共変形式で書き表わすことができる．式(7.46)を考慮すると，ゲージ変換の式は

$$A^{\mu\prime} = A^\mu + \partial^\mu \chi \tag{7.100}$$

と書くことができる．この式は，第 9 章において本質的なはたらきをすることになる．

7-4 相対論的力学

外力 $\boldsymbol{F}$ の下にある質量 m の質点に対する Newton の運動方程式

$$m\frac{d^2\boldsymbol{r}}{dt^2} = \boldsymbol{F} \tag{7.101}$$

は Lorentz 不変でない．

7-1 節 b 項の終りで述べた観点に立てば，等速直線運動する系の間での正しい座標変換は Lorentz 変換であって，Galilei 変換は近似的なものでしかない．すべての物理法則は Lorentz 不変であるべしという要求をおけば，Newton の運動方程式(7.101)は修正を要するということになる．どのような修正をすれば，Newton の運動方程式が Lorentz 不変な形になるかということについて，この節で調べてみよう．

まず，3 次元的な速度ベクトル

$$\boldsymbol{u} = \frac{d\boldsymbol{r}}{dt} \tag{7.102}$$

を拡張して 4 次元(反変)ベクトルをつくることを考える．単純な拡張は

$$\frac{dx^{\mu}}{dt} = (c, \boldsymbol{u})$$

であるが，これが反変ベクトルでないことは，Lorentz 変換をしてみればすぐわかる．これは x^{μ} の 1 成分である t を独立変数とみたてたためである．そこで，t の代わりに，次式で定義される Lorentz 不変な変数 τ を導入する．

$$(cd\tau)^2 = dx^{\mu}dx_{\mu} \tag{7.103}$$

変数 τ は，**固有時**(proper time)とよばれ，運動している質点とともに動く座標系での時刻である．式(7.103)から，$d\tau$ と dt の関係は

$$d\tau = dt\sqrt{1-\frac{u^2}{c^2}} \tag{7.104}$$

で与えられることがわかる．この変数 τ を用いて，4 次元的速度(反変)ベクトル w^{μ} を定義する．

$$w^{\mu} = \frac{dx^{\mu}}{d\tau} = \left(\frac{c}{\sqrt{1-u^2/c^2}}, \frac{\boldsymbol{u}}{\sqrt{1-u^2/c^2}}\right) \tag{7.105}$$

4 次元的運動量(反変)ベクトル p^{μ} は，この速度ベクトル w^{μ} を用いて

$$p^{\mu} = mw^{\mu} = \left(\frac{mc}{\sqrt{1-u^2/c^2}}, \frac{m\boldsymbol{u}}{\sqrt{1-u^2/c^2}}\right) \tag{7.106}$$

と定義することができる．

Newton の運動方程式(7.101)で，変数 t を変数 τ で置き換えたものを，正しい Lorentz 不変な運動方程式だと考えると

$$m\frac{d^2x^\mu}{d\tau^2} = K^\mu \tag{7.107}$$

と書くことができる．ここで，K^μ は 4 次元的な力のベクトルで，以下の考察により 3 次元的な力のベクトル $\boldsymbol{F}$ と関係づけられるものである．運動量ベクトル(7.106)を用いて，式(7.107)を書くと

$$\frac{dp^\mu}{d\tau} = K^\mu \tag{7.108}$$

となる．運動量ベクトル(7.106)の 3 次元部分 p^i は，質点の速度が十分小さければ($v^2/c^2 \ll 1$)，通常の運動量 $m\boldsymbol{u}$ に近似的に等しい．そこで p^i を，運動量 $m\boldsymbol{u}$ を相対論的に修正したものだと考えると，3 次元的な力は

$$F^i = \frac{dp^i}{dt} = K^i\sqrt{1-\frac{u^2}{c^2}} \tag{7.109}$$

となるはずである．式(7.109)の両辺と 3 次元的速度 $\boldsymbol{u}$ との内積をとると

$$\begin{aligned}\boldsymbol{u}\cdot\boldsymbol{F} &= u^i\cdot\frac{dp^i}{dt} = \boldsymbol{u}\cdot\frac{d}{dt}\frac{m\boldsymbol{u}}{\sqrt{1-u^2/c^2}} \\ &= \frac{d}{dt}\frac{mc^2}{\sqrt{1-u^2/c^2}} = \frac{d(cp^0)}{dt} = cK^0\sqrt{1-\frac{u^2}{c^2}}\end{aligned} \tag{7.110}$$

となるから，結局

$$K^\mu = \left(\frac{\boldsymbol{F}\cdot\boldsymbol{u}}{c\sqrt{1-u^2/c^2}}, \frac{\boldsymbol{F}}{\sqrt{1-u^2/c^2}}\right) \tag{7.111}$$

を得る．cp^0 は質点のエネルギー E である．質点の速度が十分小さいとして，v^2/c^2 で展開すると

$$E = cp^0 = mc^2+\frac{1}{2}mu^2+\frac{3}{8}m\frac{u^4}{c^2}+\cdots \tag{7.112}$$

となり，右辺第 2 項は質点の運動エネルギーになっている．第 1 項は静止エネルギーとよばれ，質点がもつ質量 m をエネルギーに換算したものである．エ

ネルギー E と3次元的運動量 $\boldsymbol{p}$ を使って，運動量(反変)ベクトルは

$$p^{\mu} = \left(\frac{E}{c}, \boldsymbol{p}\right) \tag{7.113}$$

と書くことができる．

運動量ベクトル(7.106)に対して

$$p^2 = p^{\mu}p_{\mu} = m^2c^2 \tag{7.114}$$

が成り立つ．一方，(7.113)によると

$$p^2 = \frac{E^2}{c^2} - \boldsymbol{p}^2 \tag{7.115}$$

であるから

$$E = c\sqrt{\boldsymbol{p}^2 + m^2c^2} \tag{7.116}$$

を得る．

7-5 電磁気現象の相対論的解釈

本章では，電磁場の基礎方程式である Maxwell 方程式が，Lorentz 変換の下でその形を変えないことを詳しくみてきた．基礎方程式が Lorentz 不変であるということは，ある特別な座標系で物理法則がわかれば，他のどんな座標系の現象も，Lorentz 変換によって導けるということである．実際，このような見地から，Lorentz 力や Biot-Savart の法則などは，簡単に導くことができる．この節では，このことを具体的に示そう．

電磁場テンソル $F^{\mu\nu}$ に対する Lorentz 変換を考えよう．テンソルの変換式(7.64)で，$n=2$ の場合を適用すれば，$F^{\mu\nu}$ に対する Lorentz 変換は

$$F^{\mu\nu\prime} = a^{\mu}{}_{\lambda}a^{\nu}{}_{\rho}F^{\lambda\rho} \tag{7.117}$$

であることが分かる．ここでは，Lorentz 変換として，z 軸方向への速度 v での等速直線運動に話を限ることにする．すなわち，図 7-1 に示したような場合を考える．わかりやすくするために，この図を z 軸に垂直な方向から見たものを図 7-2 に示す．

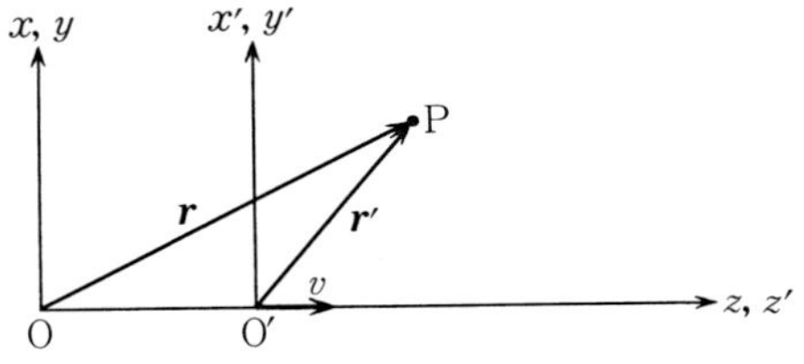

図 7-2 系 O およびそれに対して z 軸方向へ等速直線運動する系 O′.

図の縦軸は，それぞれ (x, y) 平面および (x', y') 平面を表わす．この場合，Lorentz 変換の係数 $a^{\mu}{}_{\lambda}$ は式(7.45)で与えられる．式(7.45)を式(7.117)に代入し，式(7.85)を用いて，電場と磁場の変換式に書き直すと

$$\begin{aligned} E^{1\prime} &= \gamma(E^1 - vB^2) \\ E^{2\prime} &= \gamma(E^2 + vB^1) \\ E^{3\prime} &= E^3 \end{aligned} \tag{7.118}$$

$$\begin{aligned} B^{1\prime} &= \gamma\left(B^1 + \frac{v}{c^2}E^2\right) \\ B^{2\prime} &= \gamma\left(B^2 - \frac{v}{c^2}E^1\right) \\ B^{3\prime} &= B^3 \end{aligned} \tag{7.119}$$

が得られる．これが，電場と磁場に対する Lorentz 変換の式である．この式からわかるように，運動系に移ることによって，電場と磁場は入り交じってしまい，ある系で例えば電場だけのようにみえていても，他の系に移ると磁場が現われたようにみえるということが起こる．

電場 $\boldsymbol{E}$ および磁束密度 $\boldsymbol{B}$ を，速度 $\boldsymbol{v}$ の方向の成分 $\boldsymbol{E}_{/\!/}, \boldsymbol{B}_{/\!/}$ と速度 $\boldsymbol{v}$ に垂直な成分 $\boldsymbol{E}_{\perp}, \boldsymbol{B}_{\perp}$ とに分けると，式(7.118)と(7.119)は

$$\boldsymbol{E}_{\perp}{}' = \frac{\boldsymbol{E}_{\perp} + \boldsymbol{v}\times\boldsymbol{B}}{\sqrt{1-v^2/c^2}}, \qquad \boldsymbol{E}_{/\!/}{}' = \boldsymbol{E}_{/\!/} \tag{7.120}$$

$$\boldsymbol{B}_{\perp}{}' = \frac{\boldsymbol{B}_{\perp} - \boldsymbol{v}\times\boldsymbol{E}/c^2}{\sqrt{1-v^2/c^2}}, \qquad \boldsymbol{B}_{/\!/}{}' = \boldsymbol{B}_{/\!/} \tag{7.121}$$

のように書き直すことができる．この逆変換は

$$\boldsymbol{E}_\perp = \frac{\boldsymbol{E}_\perp{}' - \boldsymbol{v}\times\boldsymbol{B}'}{\sqrt{1-v^2/c^2}}, \qquad \boldsymbol{E}_{/\!/} = \boldsymbol{E}_{/\!/}{}' \tag{7.122}$$

$$\boldsymbol{B}_\perp = \frac{\boldsymbol{B}_\perp{}' + \boldsymbol{v}\times\boldsymbol{E}'/c^2}{\sqrt{1-v^2/c^2}}, \qquad \boldsymbol{B}_{/\!/} = \boldsymbol{B}_{/\!/}{}' \tag{7.123}$$

である．

O′系において原点に静止している点電荷 Q を考えよう．この電荷による電場は，O′系では静電場であり，点 P での電場は Coulomb の法則によって

$$\boldsymbol{E}' = \frac{Q}{4\pi\varepsilon_0 r'^2}\frac{\boldsymbol{r}'}{r'} \tag{7.124}$$

と与えられる．これを O 系からながめてみよう．変換(7.123)により，磁場

$$\boldsymbol{B}_\perp = \frac{1}{\sqrt{1-v^2/c^2}}\frac{Q\boldsymbol{v}\times\boldsymbol{r}'}{4\pi\varepsilon_0 c^2 r'^3}, \qquad \boldsymbol{B}_{/\!/} = 0 \tag{7.125}$$

が存在することがわかる．ここで，$\boldsymbol{r}'$ と $\boldsymbol{r}$ は，Lorentz 変換(7.16)によって結ばれている．1 個の荷電粒子(電荷 Q)が，速度 $\boldsymbol{v}$ で走るとき，電流密度 $\boldsymbol{j}$ は

$$\boldsymbol{j} = Q\boldsymbol{v} \tag{7.126}$$

であるから，式(7.125)により

$$\boldsymbol{H} = \frac{1}{\sqrt{1-v^2/c^2}}\frac{\boldsymbol{j}\times\boldsymbol{r}'}{4\pi r'^3}, \qquad \boldsymbol{r}' = \left(x, y, \frac{x-vt}{\sqrt{1-v^2/c^2}}\right) \tag{7.127}$$

が得られる．これは，十分遅い荷電粒子に対して，直線状電流の場合の Biot-Savart の法則になっている．

もう 1 つの例として，Lorentz 力を Lorentz 変換のみから導いてみよう．O 系に静止した一様な電場 $\boldsymbol{E}$ と磁束密度 $\boldsymbol{B}$ を考えよう．これを O′系で見ると

$$\boldsymbol{E}_\perp{}' = \frac{\boldsymbol{E}_\perp + \boldsymbol{v}\times\boldsymbol{B}}{\sqrt{1-v^2/c^2}}, \qquad \boldsymbol{E}_{/\!/}{}' = \boldsymbol{E}_{/\!/} \tag{7.128}$$

のような電場が観測される．ところで，O′系で静止した電荷 Q にはたらく力は

$$\boldsymbol{F}' = Q\boldsymbol{E}' \tag{7.129}$$

である．7-4 節の議論によると，力 $\boldsymbol{F}$ そのものは Lorentz 変換の下でベクト

ルではなくて，その4次元的拡張 K^μ が反変ベクトルである．そこで，K^μ に対する Lorentz 変換を書き下し，それを3次元的力 $\boldsymbol{F}$ に対する式に書き直すと

$$\boldsymbol{F}_\perp{}' = \frac{\boldsymbol{F}_\perp}{\sqrt{1-v^2/c^2}}, \qquad \boldsymbol{F}_{/\!/}{}' = \boldsymbol{F}_{/\!/} \tag{7.130}$$

となる．式(7.128),(7.129),(7.130)をまとめると

$$\boldsymbol{F} = Q\boldsymbol{E}+Q\boldsymbol{v}\times\boldsymbol{B} \tag{7.131}$$

となる．これは，Lorentz 力の式(3.43)そのものである．このように，Lorentz 力は，静止した電磁場の単なる Lorentz 変換によって導かれるものである．

8

Lagrange 形式の Maxwell 理論

電磁気学の基礎方程式は Maxwell 方程式という場の方程式である．その場の方程式をもとにして，すべての電磁気現象が記述される．この事情は，ちょうど，古典力学が Newton の運動方程式に基づいている，という状況と同じである．

古典力学を記述する上では，Newton の運動方程式があれば十分であるけれども，座標系によらない一般的な議論をしようとすると，Newton の運動方程式のままでは不便なことが多い．また，例えば，Newton の運動方程式が，より単純な原理から導き出され得るものかどうか，というようなことについて調べたければ，もっと普遍性のある定式化をしておいたほうが有益である．そのような観点から，Lagrange や Hamilton は，古典力学を変分原理という基本的要請をもとにして定式化しよう，と試みたのである．

電磁気学においても，古典力学と同様に，変分原理を出発点とした定式化が可能である．この章では，古典力学で開発された Lagrange 形式を，そのまま電磁気学に適用したらどうなるかということについて考えよう．

8-1 変分原理

自然界の諸法則は，作用という量を極小にするように成り立っている，という要請を，変分原理とよんでいる．この原理は，一般的に証明できるようなものではないが，光学における光の進路の問題や，力学における粒子の運動などにおいても，明らかに成り立っている．また，この考え方は，場の量子論においても，一般相対性理論においても，用いられている．

この節では，まず，力学における変分原理について簡単な復習をし，電磁場のような場を扱う場合，すなわち場の理論，に対して変分原理を適用する方法を示す．

a） 古典力学における変分原理

本項では，解析力学における変分原理について述べ，Lagrange 形式や Hamilton-Jacobi 形式での力学の定式化について，ざっと復習することとしよう．これは簡単な復習であるから，個々の式をいちいち導くようなことはせず，話の筋道のみを示すこととする．

N 個の質点からなる質点系を考えよう．質点は，$i=1,2,3,\cdots,N$ と番号付けされているとし，質点 i の質量を m_i，座標を $\boldsymbol{r}_i$ とする．質点 i と j との間にはたらく力は，その相対座標のみによるものとし，$\boldsymbol{F}(\boldsymbol{r}_i-\boldsymbol{r}_j)$ とおく．

Newton の運動方程式は式(7.1)で与えられる．

$$m_i\frac{d^2\boldsymbol{r}_i}{dt^2}=\sum_{j\neq i}^{N}\boldsymbol{F}(\boldsymbol{r}_i-\boldsymbol{r}_j) \tag{7.1}$$

力がポテンシャル ϕ から導かれる場合のみを考えると，

$$F(\boldsymbol{r}_i-\boldsymbol{r}_j)=-\frac{\partial}{\partial\boldsymbol{r}_i}\phi(|\boldsymbol{r}_i-\boldsymbol{r}_j|) \tag{8.1}$$

である．ただし

$$\frac{\partial}{\partial\boldsymbol{r}}=\left(\frac{\partial}{\partial x},\ \frac{\partial}{\partial y},\ \frac{\partial}{\partial z}\right)=\nabla=\mathrm{grad} \tag{8.2}$$

である．

Newton の運動方程式は，Euler-Lagrange の方程式の形に書き直すことができる．このことを示すために，運動方程式(7.1)を，各質点に対して仮想変位 $\delta \boldsymbol{r}_i$ を行なったときの釣合いの式

$$\sum_i \left(m_i \frac{d^2 \boldsymbol{r}_i}{dt^2} - \sum_j \boldsymbol{F}(\boldsymbol{r}_i - \boldsymbol{r}_j) \right) \cdot \delta \boldsymbol{r}_i = 0 \tag{8.3}$$

だと考える．これを，**仮想仕事の原理**または **d'Alembert の原理**とよぶ．式(8.3)を変形することによって，**Euler-Lagrange 方程式**

$$\frac{d}{dt}\frac{\partial L}{\partial \dot{\boldsymbol{r}}} - \frac{\partial L}{\partial \boldsymbol{r}} = 0 \tag{8.4}$$

が得られる．ここで，L はラグランジアン(Lagrangian)で

$$L = T - V \tag{8.5}$$

$$T = \frac{1}{2} \sum_i m_i \dot{\boldsymbol{r}}_i^2 \qquad \text{（運動エネルギー）}$$

$$V = \sum_{\substack{i,j \\ i \neq j}} \phi(|\boldsymbol{r}_i - \boldsymbol{r}_j|) \qquad \text{（ポテンシャルエネルギー）}$$

で与えられる．また，$\dot{\boldsymbol{r}} = d\boldsymbol{r}/dt$ である．

Euler-Lagrange 方程式は，式(8.4)に現われたような直交座標

$$\boldsymbol{r}_i = (x_i, y_i, z_i) \qquad (i = 1, 2, \cdots, N) \tag{8.6}$$

のみならず，他のどんな座標系でも成り立つ．そこで，$3N$ 個の変数(8.6)から，適当な変換によって得られた，新たな $3N$ 個の変数を q_i $(i = 1, 2, \cdots, 3N)$ と書き，**一般座標**とよぶ．この一般座標 q_i に対して，Euler-Lagrange 方程式は

$$\frac{d}{dt}\frac{\partial L}{\partial \dot{q}_i} - \frac{\partial L}{\partial q_i} = 0 \tag{8.7}$$

である．

Newton の運動方程式から，仮想仕事の原理を経て，Euler-Lagrange 方程式が得られる．逆に Euler-Lagrange 方程式から Newton の運動方程式が得られることは，式(8.4)を見れば明らかであろう．だから，Newton の運動方

程式と Euler-Lagrange 方程式は完全に同等であるといえる．にもかかわらず，解析力学において，Newton の運動方程式でなく Euler-Lagrange 方程式を用いるのは，後者が任意の座標系で同じ形で成り立つということにもよるが，もっと大きな理由は，それが変分原理から直接導かれるものであるということによる．実際，Euler-Lagrange 方程式(8.7)は，**作用**(action)

$$S \equiv \int_{t_1}^{t_2} L(q_i(t), \dot{q}_i(t), t)dt \tag{8.8}$$

に極値を与えるという条件，すなわち S の変分がゼロという条件

$$\delta S = 0 \qquad (\text{ただし } \delta q_i(t_1)=0,\ \delta q_i(t_2)=0) \tag{8.9}$$

から得られる．もっと物理的な表現をすると，質点の運動の軌跡，すなわち $q_i(t)$ の関数形，をいろいろとってみて，作用(8.8)を最小にするような $q_i(t)$ の組を選び出したとき，この $q_i(t)$ が満たすべき式が(8.7)である．なお，式(8.9)では，時間積分の上限 t_2 と下限 t_1 は固定されており，そこでの q_i は変化させないものとする．したがって，図 8-1 に示すように，質点の運動は始点と終点が固定されており，その間で運動の経路をいろいろと取ってみることができるようになっている．

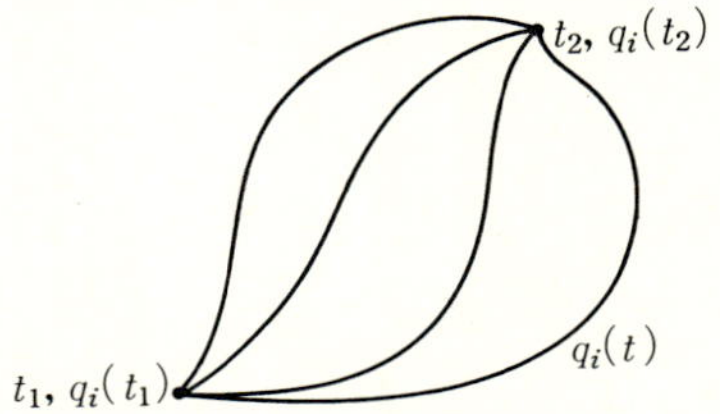

図 8-1 運動の始点と終点の間の種々の運動の経路．

作用 S に極値を与えるような $q_i(t)$ $(i=1,2,\cdots,N)$ の組は，運動方程式を満たしているのであるから，結局，自然界における物体の運動の軌跡として許されるものは，作用 S を最小にするもののみである，ということができる．一般に，自然現象が作用 S を最小にするように起こるという要請を**変分原理**(action principle)とよんでいる．ラグランジアン L をまず構成し，それから得られる作用 S に対する変分原理から運動方程式，すなわち Euler-Lagrange 方程式，を求めるという方法で力学の法則を表現してゆくやりかたを，**Lag-**

range 形式という．

変分原理という考え方は，すでに17世紀に，幾何光学においてFermatの原理という形で姿を現していた．P. Fermatは，光の経路はその伝播に要する時間が最小になるように決まる，という原理に従って幾何光学を定式化した．1746年になって，P. L. M. Maupertuisは，この考え方が幾何光学に限らず自然界に普遍的に適用できるものであると考え，力学の法則をこの考えの下に定式化することを試みた．Maupertuisは，その際，作用という概念を初めて持ち込み，最小になるのは時間ではなく作用であることを指摘した．Maupertuisとほぼ同じ時期に，L. Eulerは，変分法を用いてこの考え方を数学的により厳密な形で定式化した．これらの先駆的な研究の上に立って，これを変分原理という形にまとめ，それをもとにして1788年に解析力学の基礎を築いたのがJ. L. Lagrangeである．

Lagrange形式では，作用 S の変分をとるときに，積分(8.8)の上限 t_2 と下限 t_1 の時刻での質点の位置は変化させないものとした．すなわち，時刻 t_1 における質点の位置 $q_i(t_1)$ と時刻 t_2 における質点の位置 $q_i(t_2)$ を固定しておいて，質点がこの2点間を動く経路，すなわち $q_i(t)$ の関数形のみをいろいろ変えてみて，作用 S が最小になるような関数 $q_i(t)$ を選び出すという操作を行なった．

いま，この制限をはずして，積分の上限の時刻 t_2 とその時刻での質点の位置 $q_i(t_2)$ も変化させるものとする．このときは，作用 S は，$q_i(t)$ の汎関数であると同時に，t_2 および $q_i(t_2)$ の関数でもある．関数 $q_i(t)$ はEuler-Lagrange方程式を満たすようにとってあるものとすると，作用 S は t_2 と $q_i(t_2)$ の関数である．このとき，作用 S の変分は

$$\delta S = \sum_i \left[\frac{\partial L}{\partial \dot{q}_i}\delta q_i - \left(\frac{\partial L}{\partial \dot{q}_i}\dot{q}_i - L\right)\delta t\right]_{t_1}^{t_2} \tag{8.10}$$

となる．ここで，$\delta t_1 = 0$ および $\delta q_i(t_1) = 0$ である．さて

$$p_i = \frac{\partial L}{\partial \dot{q}_i} \tag{8.11}$$

とおき，p_i を q_i に正準共役な運動量という．また

$$H = \sum_i p_i \dot{q}_i - L \tag{8.12}$$

を**ハミルトニアン**(Hamiltonian)という．$t_2 = t$ とおいて式(8.10)を書き直すと

$$\delta S = \sum_i p_i(t)\delta q_i(t) - H(t)\delta t \tag{8.13}$$

を得る．したがって

$$\frac{\partial S}{\partial t} = -H, \quad \frac{\partial S}{\partial q_i} = p_i \tag{8.14}$$

である．この結果を次のように読みかえよう．すなわち，式(8.14)の第2式で与えられる p_i を第1式のハミルトニアン H に代入し，この式を S に対する微分方程式とみなす．

$$\frac{\partial S}{\partial t} + H\left(q_i, \frac{\partial S}{\partial q_i}, t\right) = 0 \tag{8.15}$$

式(8.15)は，**Hamilton-Jacobi の方程式**とよばれるものである．ここで，作用 S は $q_i(t)$ と t の関数である．Hamilton-Jacobi の方程式を解けば作用 $S(q_i, t)$ が求まり，これから q_i が時間 t の関数として求まる．

b） 場の理論における変分原理

質点系の力学では，力学変数はそれぞれの質点の位置

$$q_i(t) \qquad (i=1, 2, \cdots, 3N) \tag{8.16}$$

であり，運動方程式によって q_i の時間発展が決まって，質点の軌跡が求まる．

電磁気学では，時間とか位置とかは力学変数ではなく，電場や磁場がいつどこで測られたかを示す単なるパラメーターである．電磁気学における力学変数は電場と磁場である．電磁気学のように，場を力学変数とする理論を一般に**場の理論**という．電磁気学は電磁場の理論ということができる．電磁気学の基礎方程式は，電場と磁場に対する Maxwell 方程式である．一般に場が満たす基礎方程式を**場の方程式**という．電磁場の理論のように場のポテンシャルが存在

する場合は，電場と磁場を基本的な力学変数ととるよりは，それらのポテンシャル $\phi, \boldsymbol{A}$ を力学変数として採用したほうが都合がよいことが多い．そこで，以後そうすることにして，ポテンシャル $\phi, \boldsymbol{A}$ を場とよぶこととする．電磁場の理論の力学変数は，したがって

$$\phi(\boldsymbol{r},t),\ A_x(\boldsymbol{r},t),\ A_y(\boldsymbol{r},t),\ A_z(\boldsymbol{r},t) \tag{8.17}$$

の4つである．これと同じように，一般に，場の理論で現われる力学変数を

$$\phi_l(\boldsymbol{r},t) \qquad (l=1,2,\cdots,n) \tag{8.18}$$

と書くこととしよう．

式(8.18)で，$\boldsymbol{r}$ は場所を指定するための単なるパラメーターで，力学変数ではない．質点系の力学との対応を考えれば，式(8.16)に与えられている座標 $q_i(t)$ の添字 i に相当するものが，式(8.18)の l や $\boldsymbol{r}$ である．ただ，$\boldsymbol{r}$ は離散的パラメーターでなく連続的パラメーターであるので，質点系の力学とすこし違っていることに注意する必要がある．場の理論は，質点系の力学において，離散的で有限個の添字 i を連続無限個の添字 $\boldsymbol{r}$ を含むように拡張したものであると考えることができる．そこで，質点系の力学に現われる公式を場の理論のそれに読みかえるためには，次のような置き換えをすればよい．

$$\sum_i \to \sum_l \int d^3r \tag{8.19}$$

式(8.19)にみるように，場の理論の公式には，空間座標 $\boldsymbol{r}$ についての積分が必ず現われる．だから，ラグランジアン L よりはラグランジアン密度 $\mathscr{L}$ を用いたほうが便利である．

$$L = \int d^3r\mathscr{L} \tag{8.20}$$

作用 S は

$$S = \int_{t_1}^{t_2} dt \int d^3r\mathscr{L}(\phi_l, \dot{\phi}_l, \nabla\phi_l, t) \tag{8.21}$$

で与えられ，これに対する Euler-Lagrange 方程式は

$$\frac{\partial}{\partial t}\frac{\partial \mathcal{L}}{\partial \dot{\phi}_l}+\nabla\cdot\frac{\partial \mathcal{L}}{\partial(\nabla\phi_l)}-\frac{\partial \mathcal{L}}{\partial \phi_l}=0 \tag{8.22}$$

である．これをさらに共変形式で書くと，ラグランジアン密度 $\mathcal{L}$ を用いて

$$\partial_\mu\frac{\partial \mathcal{L}}{\partial(\partial_\mu\phi_l)}-\frac{\partial \mathcal{L}}{\partial \phi_l}=0 \tag{8.23}$$

となる．式(8.23)は場の方程式に一致すべきものである．電磁場の理論では，式(8.23)は，ポテンシャルに対する Maxwell 方程式になる．

力学変数 ϕ_l に共役な運動量 π_l は，式(8.11)と同様にして定義され，

$$\pi_l=\frac{\partial \mathcal{L}}{\partial \dot{\phi}_l} \tag{8.24}$$

となる．また，ハミルトニアン密度 $\mathcal{H}$ も，式(8.12)と同様にして定義することができ

$$\mathcal{H}=\sum_l \pi_l\dot{\phi}_l-\mathcal{L} \tag{8.25}$$

である．

8-2 電磁場と荷電粒子のラグランジアン

本節 a 項で，電磁場中での荷電粒子の運動を記述するラグランジアンを求める．このラグランジアンから導かれる Euler-Lagrange 方程式は，Lorentz 力の下での荷電粒子の運動方程式になる．

c 項では，電磁場を記述するラグランジアンを求める．この場合，Euler-Lagrange 方程式は Maxwell 方程式に他ならない．

a） 電磁場中の荷電粒子のラグランジアン

まず，非相対論的な場合から考えることにしよう．電荷 Q で質量 m の質点が電場 $\boldsymbol{E}$，磁束密度 $\boldsymbol{B}$ の下で速度 $\boldsymbol{v}$ で運動しているものとする．運動方程式は

$$m\frac{d^2\boldsymbol{r}}{dt^2}=Q(\boldsymbol{E}+\boldsymbol{v}\times\boldsymbol{B}),\qquad \boldsymbol{v}=\frac{d\boldsymbol{r}}{dt} \tag{8.26}$$

である．仮想仕事の原理により

$$\left(m\frac{d\boldsymbol{v}}{dt}-Q\boldsymbol{E}-Q\boldsymbol{v}\times\boldsymbol{B}\right)\cdot\delta\boldsymbol{r}=0 \tag{8.27}$$

が成り立つ．ここで

$$\frac{d\boldsymbol{v}}{dt}\cdot\delta\boldsymbol{r}=\frac{d}{dt}(\boldsymbol{v}\cdot\delta\boldsymbol{r})-\boldsymbol{v}\cdot\delta\boldsymbol{v} \tag{8.28}$$

である．また，式(5.5)と(5.7)で与えられるポテンシャル ϕ と $\boldsymbol{A}$ を用いると

$$\begin{aligned}\boldsymbol{E}\cdot\delta\boldsymbol{r}&=-\delta\boldsymbol{r}\cdot\mathrm{grad}\,\phi-\frac{\partial\boldsymbol{A}}{\partial t}\cdot\delta\boldsymbol{r}\\&=-\delta\phi-\frac{\partial\boldsymbol{A}}{\partial t}\cdot\delta\boldsymbol{r}\\(\boldsymbol{v}\times\boldsymbol{B})\cdot\delta\boldsymbol{r}&=(\boldsymbol{v}\times\mathrm{rot}\,\boldsymbol{A})\cdot\delta\boldsymbol{r}\\&=\sum_i(v_i\nabla A_i-v_i\nabla_i\boldsymbol{A})\cdot\delta\boldsymbol{r}\\&=\boldsymbol{v}\cdot\delta\boldsymbol{A}-((\boldsymbol{v}\cdot\nabla)\boldsymbol{A})\cdot\delta\boldsymbol{r}\end{aligned} \tag{8.29}$$

となる．式(8.28)と(8.29)を式(8.27)に代入すると

$$\frac{d}{dt}(m\boldsymbol{v}\cdot\delta\boldsymbol{r})+Q\left(\frac{\partial\boldsymbol{A}}{\partial t}+(\boldsymbol{v}\cdot\nabla)\boldsymbol{A}\right)\cdot\delta\boldsymbol{r}-m\boldsymbol{v}\cdot\delta\boldsymbol{v}+Q\delta\phi-Q\boldsymbol{v}\cdot\delta\boldsymbol{A}=0 \tag{8.30}$$

となり，さらに書き換えると

$$\frac{d}{dt}(m\boldsymbol{v}\cdot\delta\boldsymbol{r})+Q\frac{d\boldsymbol{A}}{dt}\cdot\delta\boldsymbol{r}+Q\delta\boldsymbol{v}\cdot\boldsymbol{A}+\delta\left(-\frac{1}{2}m\boldsymbol{v}^2+Q\phi-Q\boldsymbol{v}\cdot\boldsymbol{A}\right)=0 \tag{8.31}$$

となる．したがって

$$\frac{d}{dt}((m\boldsymbol{v}+Q\boldsymbol{A})\cdot\delta\boldsymbol{r})+\delta\left(-\frac{1}{2}m\boldsymbol{v}^2+Q\phi-Q\boldsymbol{v}\cdot\boldsymbol{A}\right)=0 \tag{8.32}$$

である．式(8.32)の両辺を t で t_1 から t_2 まで積分すると

$$\delta\int_{t_1}^{t_2}dt\left(-\frac{1}{2}m\boldsymbol{v}^2+Q\phi-Q\boldsymbol{v}\cdot\boldsymbol{A}\right)+\left[(m\boldsymbol{v}+Q\boldsymbol{A})\cdot\delta\boldsymbol{r}\right]_{t_1}^{t_2}=0 \tag{8.33}$$

となる．ここで，$\delta\boldsymbol{r}(t_1)=\delta\boldsymbol{r}(t_2)=0$ なのだから，式(8.33)の左辺第2項はゼロである．したがって

$$\delta\int_{t_1}^{t_2} Ldt = 0, \qquad L = \frac{1}{2}m\boldsymbol{v}^2 - Q\phi + Q\boldsymbol{v}\cdot\boldsymbol{A} \tag{8.34}$$

を得る．式(8.34)は変分原理の形をしている．したがって，ここに定義されている L は，電磁場中の荷電粒子のラグランジアンであると考えられる．

次に，相対論的な場合を考えよう．式(8.26)は相対論的に不変な形になっていない．このことを具体的にみるために，式(8.26)をすこし書き換えてみよう．式(7.84)を用いると

$$(\boldsymbol{E}+\boldsymbol{v}\times\boldsymbol{B})^i = cF^{i0} - F^{ij}v^j = F^{i\nu}\frac{dx_\nu}{dt} \tag{8.35}$$

と書けるから，式(8.26)は

$$m\frac{dv^i}{dt} = QF^{i\nu}v_\nu, \qquad v_\nu = \frac{dx_\nu}{dt} \tag{8.36}$$

となる．しかるに，上で定義した4次元的な速度 v_ν は，4次元ベクトルの性質を満たしていない．すなわち，v_ν は Lorentz 変換には従わない．だから，式(8.26)そのものも相対論的不変性を満たさない．

これを相対論的に不変な形にするために，荷電粒子の上にのった座標系ではかった時刻，すなわち固有時 τ を用いて，相対論的な速度ベクトル w^μ を定義する．

$$w^\mu = \frac{dx^\mu}{d\tau} = \gamma v^\mu \tag{8.37}$$

ここで，固有時 τ は

$$(cd\tau)^2 = dx^\mu dx_\mu \tag{8.38}$$

で定義されるものであり

$$d\tau = dt\sqrt{1-\frac{\boldsymbol{v}^2}{c^2}} = \frac{dt}{\gamma} \tag{8.39}$$

と与えられる．式(8.37)で与えられる相対論的な速度ベクトル w^μ は，たしか

に4次元ベクトルになっていて，Lorentz 変換

$$w^{\mu\prime} = a^{\mu}{}_{\nu} w^{\nu} \tag{8.40}$$

に従う．そこで，式(8.36)において，v^μ を w^μ でおきかえ，t を τ でおきかえると

$$m\frac{dw^\mu}{d\tau} = QF^{\mu\nu}w_\nu \tag{8.41}$$

となり，相対論的に不変な式になる．ここで，$\mu=0$ に対する式は，もともとはなかったのであるが，運動エネルギーの変化率を与える式である．式(8.41)において，変数を t に戻すと

$$m\frac{d}{dt}(\gamma v^\mu) = QF^{\mu\nu}v_\nu \tag{8.42}$$

を得る．この式ももちろん相対論的に不変である．

仮想仕事の原理により，式(8.42)から

$$\left\{\frac{d}{dt}(m\gamma v^\mu) - QF^{\mu\nu}v_\nu\right\}\delta x_\mu = 0 \tag{8.43}$$

を得る．ここで

$$\begin{aligned}
\left\{\frac{d}{dt}(m\gamma v^\mu)\right\}\delta x_\mu &= \frac{d}{dt}(m\gamma v^\mu \delta x_\mu) - m\gamma v^\mu \delta v_\mu \\
&= \frac{d}{dt}(m\gamma v^\mu \delta x_\mu) - mc^2\delta\sqrt{1-\boldsymbol{v}^2/c^2} \\
F^{\mu\nu}v_\nu\delta x_\mu &= (\partial^\mu A^\nu - \partial^\nu A^\mu)v_\nu \delta x_\mu \\
&= v_\nu \delta A^\nu - \frac{dA^\mu}{dt}\delta x_\mu \\
&= \delta(v_\mu A^\mu) - \frac{d}{dt}(A^\mu \delta x_\mu)
\end{aligned} \tag{8.44}$$

であるから，式(8.43)は，次のように書き改めることができる．

$$\frac{d}{dt}\{(p^\mu + QA^\mu)\delta x_\mu\} - \delta\left(mc^2\sqrt{1-\frac{\boldsymbol{v}^2}{c^2}} + Qv_\mu A^\mu\right) = 0 \tag{8.45}$$

これを t_1 から t_2 まで積分し，$\delta x_\mu(t_1) = \delta x_\mu(t_2) = 0$ に注意すると

$$\delta\int_{t_1}^{t_2} dtL = 0, \qquad L = -mc^2\sqrt{1-\frac{\boldsymbol{v}^2}{c^2}}-Q\phi+Q\boldsymbol{v}\cdot\boldsymbol{A} \tag{8.46}$$

を得る．いま，荷電粒子の速度はあまり大きくないとして $\boldsymbol{v}^2/c^2 \ll 1$ とし，式(8.46)で展開

$$\sqrt{1-\frac{\boldsymbol{v}^2}{c^2}} = 1-\frac{1}{2}\frac{\boldsymbol{v}^2}{c^2}-\frac{1}{8}\left(\frac{\boldsymbol{v}^2}{c^2}\right)^2+\cdots \tag{8.47}$$

を用い，展開の最低次までとると

$$L = -mc^2+\frac{1}{2}m\boldsymbol{v}^2-Q\phi+Q\boldsymbol{v}\cdot\boldsymbol{A} \tag{8.48}$$

となる．これは，定数項 $-mc^2$ を別として，非相対論の式(8.34)に一致している．Euler-Lagrange の方程式から明らかなように，ラグランジアン L の定数項は，質点の力学には何の寄与もしない．だから，式(8.48)は実際上，式(8.34)と同じである．

式(8.46)で与えられるラグランジアン L を Euler-Lagrange 方程式(8.4)に代入すると，たしかに共変形の Lorentz 力の式(8.42)になっていることを示すのは容易である．

b）荷電粒子の Hamilton-Jacobi 方程式

前項で求めたラグランジアンを使って，電磁場中の荷電粒子に対する Hamilton-Jacobi の方程式を導くことができる．

8-1 節 a 項で述べたように，座標 $\boldsymbol{r}$ に正準共役な運動量 $\boldsymbol{p}$ は，式(8.11)で定義される．したがって，電磁場中の荷電粒子に対しては，式(8.46)のラグランジアンを用いて

$$\boldsymbol{p} = \frac{\partial L}{\partial \dot{\boldsymbol{r}}} = m\gamma\dot{\boldsymbol{r}}+Q\boldsymbol{A} \tag{8.49}$$

となる．また，式(8.12)で定義されるハミルトニアン H は

$$H = \boldsymbol{p}\cdot\dot{\boldsymbol{r}}-L = m\gamma c^2+Q\phi \tag{8.50}$$

と与えられる．

速度 $\boldsymbol{v}$ で運動する質量 m の自由な質点の 4 次元速度ベクトル w^μ は，式

(8.37)より

$$w^\mu = (\gamma c, \gamma \boldsymbol{v}) \tag{8.51}$$

である．質量 m の質点の 4 次元運動量 p^μ を $p^\mu = mw^\mu$ で定義すれば，自由粒子の 4 次元運動量 $p^\mu{}_{\text{free}}$ は

$$p^\mu{}_{\text{free}} = (m\gamma c, m\gamma \boldsymbol{v}) \tag{8.52}$$

となる．そこで，式(8.49)と(8.50)に戻ると，これらの式は

$$\begin{aligned} H &= H_{\text{free}} + Q\phi \\ \boldsymbol{p} &= \boldsymbol{p}_{\text{free}} + Q\boldsymbol{A} \end{aligned} \tag{8.53}$$

と書けることがわかる．ただし，$H_{\text{free}} = m\gamma c^2 = cp^0{}_{\text{free}}$ である．すなわち，電磁場中の荷電粒子のハミルトニアンと運動量を求めようと思ったら，自由粒子のハミルトニアンと運動量にそれぞれ $Q\phi$ と $Q\boldsymbol{A}$ を加えればよいということがわかった．式(8.53)を 4 次元的に表示すれば

$$p^\mu = p^\mu{}_{\text{free}} + QA^\mu \tag{8.54}$$

となる．

この系に対する Hamilton-Jacobi 方程式(8.15)を導くために，ハミルトニアン(8.50)を位置ベクトル $\boldsymbol{r}$ と運動量(8.49)のみを用いて書き表わしたい．そのため，ハミルトニアンの中に含まれる $\dot{\boldsymbol{r}}$ を，式(8.49)を使って消去する．結果は

$$H = \sqrt{m^2c^4 + c^2(\boldsymbol{p} - Q\boldsymbol{A})^2} + Q\phi \tag{8.55}$$

である．したがって，Hamilton-Jacobi 方程式は

$$\frac{\partial S}{\partial t} + \sqrt{m^2c^4 + c^2\left(\frac{\partial S}{\partial \boldsymbol{r}} - Q\boldsymbol{A}\right)^2} + Q\phi = 0 \tag{8.56}$$

となる．

非相対論的な場合は，$\dot{\boldsymbol{r}}^2/c^2$ で展開して最低次の項のみを拾うと

$$\begin{aligned} H &= \frac{1}{2}m\dot{\boldsymbol{r}}^2 + Q\phi \\ \boldsymbol{p} &= m\dot{\boldsymbol{r}} + Q\boldsymbol{A} \end{aligned} \tag{8.57}$$

であるから

$$H = \frac{(\boldsymbol{p}-Q\boldsymbol{A})^2}{2m}+Q\phi \tag{8.58}$$

を得る．ここで，ハミルトニアンに現われる定数項 mc^2 は無視した．したがって，Hamilton-Jacobi 方程式は

$$\frac{\partial S}{\partial t}+\frac{1}{2m}\left(\frac{\partial S}{\partial \boldsymbol{r}}-Q\boldsymbol{A}\right)^2+Q\phi = 0 \tag{8.59}$$

となる．

式(8.56)または(8.59)は，第9章でゲージ原理を考える際の出発点となる方程式であり，重要である．

c) 電磁場のラグランジアン

電磁場の基礎方程式は Maxwell 方程式である．Euler-Lagrange 方程式がちょうど Maxwell 方程式になっているようなラグランジアンを求めよう．

また例によって，仮想仕事の原理から出発する．Maxwell 方程式(7.90)に対応する仮想仕事の原理は

$$(\partial_\mu F^{\mu\nu}-\mu_0 j^\nu)\delta A_\nu = 0 \tag{8.60}$$

と書ける．ここで，力学変数としては，電磁場そのものではなしに，電磁場のポテンシャル A^μ をとった．いま

$$\begin{aligned}(\partial_\mu F^{\mu\nu})\delta A_\nu &= \partial_\mu(F^{\mu\nu}\delta A_\nu)-F^{\mu\nu}\delta(\partial_\mu A_\nu)\\ &= \partial_\mu(F^{\mu\nu}\delta A_\nu)-\frac{1}{2}F^{\mu\nu}\delta F_{\mu\nu}\\ &= \partial_\mu(F^{\mu\nu}\delta A_\nu)-\frac{1}{4}\delta(F^{\mu\nu}F_{\mu\nu})\end{aligned} \tag{8.61}$$

$$j^\nu\delta A_\nu = \delta(j^\nu A_\nu)$$

であるから，式(8.60)より

$$\partial_\mu(F^{\mu\nu}\delta A_\nu)-\delta\left(\frac{1}{4}F^{\mu\nu}F_{\mu\nu}+\mu_0 j^\nu A_\nu\right) = 0 \tag{8.62}$$

を得る．ただし，式(8.61)で，電荷電流密度 j^ν は電磁場のポテンシャル A_ν に依存しないものとした．

式(8.62)を4次元時空で積分すると，左辺第1項については，Gaussの発散定理により

$$\int_{V_4} d^4x \partial_\mu (F^{\mu\nu}\delta A_\nu) = \int_{\partial V_4} d^3S_\mu F^{\mu\nu}\delta A_\nu = 0$$

が成り立つ．ここで，V_4は4次元領域を表わし，∂V_4はその領域の(3次元的な)境界面を表わす．変分の条件として，境界では$\delta A_\mu=0$ととっているので，上の式が成り立つのである．したがって，式(8.62)を4次元時空で積分すると

$$\delta \int d^4x \mathscr{L} = 0, \qquad \mathscr{L} = a\left(-\frac{1}{4}F^{\mu\nu}F_{\mu\nu} - \mu_0 j^\mu A_\mu\right) \tag{8.63}$$

が得られる．ここで，aは任意定数である．

式(8.63)で定義された$\mathscr{L}$を，電磁場のラグランジアン密度とみなすことができる．ただし，上の議論だけでは，全体の規格化定数aは決まらない．この定数aを決めるために，ハミルトニアン密度$\mathscr{H}$を計算し，それがちょうど電磁場のエネルギー密度になるように定数aを決めることとしよう．話を簡単にするために，電荷電流の分布はないものとする．すなわち$j^\mu=0$．この場合の電磁場のエネルギー密度$u+u_{\mathrm{m}}$はすでに計算済みで，式(1.67)と(2.20)で与えられている．すなわち

$$u+u_{\mathrm{m}} = \frac{1}{2}(\boldsymbol{D}\cdot\boldsymbol{E}+\boldsymbol{B}\cdot\boldsymbol{H}) \tag{8.64}$$

である．一方，式(8.63)で与えられるラグランジアン密度から，式(8.25)に従ってハミルトニアン密度を求めることができる．そのためには，まず，式(8.24)によって，変数A^μに正準共役な運動量π^μを求めなければならない．

$$\pi^\mu = \frac{\partial \mathscr{L}}{\partial \dot{A}_\mu} = -\frac{a}{c}F^{0\mu} \tag{8.65}$$

式(8.65)を，式(7.84)を用いて，3次元的な記号で書き改めると

$$\begin{aligned} \pi^0 &= 0 \\ \boldsymbol{\pi} &= \frac{a}{c^2}\boldsymbol{E} \end{aligned} \tag{8.66}$$

となる．ハミルトニアン密度は，式(8.66)を考慮すると

$$\mathcal{H} = \pi^{\mu}\dot{A}_{\mu} - \mathcal{L}$$
$$= -\frac{a}{c^2}\boldsymbol{E}\cdot\frac{\partial \boldsymbol{A}}{\partial t} - \mathcal{L} \tag{8.67}$$

となる．ところで，式(7.84)を用いると

$$\mathcal{L} = -\frac{a}{4}F^{\mu\nu}F_{\mu\nu} = -\frac{a}{4}(-2F^{i0}F^{i0}+F^{ij}F^{ij})$$
$$= \frac{a}{2}\left(\frac{\boldsymbol{E}^2}{c^2}-\boldsymbol{B}^2\right) \tag{8.68}$$

である．式(5.7)によって $\partial\boldsymbol{A}/\partial t$ を $\boldsymbol{E}$ と $\mathrm{grad}\,\phi$ で書き換え，式(8.68)を式(8.67)に代入すると

$$\mathcal{H} = \frac{a}{c^2}\boldsymbol{E}\cdot(\boldsymbol{E}+\mathrm{grad}\,\phi) - \frac{a}{2}\left(\frac{\boldsymbol{E}^2}{c^2}-\boldsymbol{B}^2\right)$$
$$= \frac{a}{2}\left(\frac{\boldsymbol{E}^2}{c^2}+\boldsymbol{B}^2\right) + \frac{a}{c^2}\boldsymbol{E}\cdot\mathrm{grad}\,\phi \tag{8.69}$$

を得る．式(8.69)の第2式の右辺第2項は，体積積分をしたときにゼロとなる．実際

$$\int dv\boldsymbol{E}\cdot\mathrm{grad}\,\phi = -\int dv\phi\,\mathrm{div}\,\boldsymbol{E} = 0$$

である(電荷分布はないから $\mathrm{div}\,\boldsymbol{E}=0$ である)．だから，この項は式(8.69)において無視するものとする．式(8.64)で与えられる電磁場のエネルギー密度は，式(8.69)で考えているハミルトニアン密度と一致すべきものである．式(8.69)と(8.64)とを比較することによって

$$a = \frac{1}{\mu_0} \tag{8.70}$$

が得られる．したがって，電荷電流分布があるときの電磁場のラグランジアン密度は

$$\mathscr{L} = -\frac{1}{4\mu_0}F^{\mu\nu}F_{\mu\nu} - j^\mu A_\mu$$
$$= \frac{1}{2}(\boldsymbol{D}\cdot\boldsymbol{E} - \boldsymbol{B}\cdot\boldsymbol{H}) - \rho\phi + \boldsymbol{j}\cdot\boldsymbol{A} \qquad (8.71)$$

となる.

8-3 電子の場と電磁場のラグランジアン

電子は荷電粒子の一種であるから，その運動は，8-2節のa項で導いたラグランジアンによって記述することができると考えられる．実際，電子を検出する装置，例えば**泡箱**(bubble chamber)とか**放電箱**(spark chamber)のようなものの中での電子の巨視的な運動は，Lorentz力によって説明することができる．

しかるに，原子の中に束縛されている電子の振舞いとか，電子ビームの干渉現象などのように，量子効果が主要なはたらきをする場合を記述しようとすると，式(8.46)で与えられるラグランジアン L では，全く役に立たなくなる．このような場合は，電子は確率波の波動場としての性格を強く表わしており，Schrödinger方程式を使った量子力学的な記述が必要となる．

Schrödinger方程式に現われる波動関数 φ は，確率波としての電子の波動場を表わしており，これを電子の場とみなすことができる．ちょうど，電磁場を電磁気的な作用を表わす場と考えたように，波動関数は電子の存在を表わす場だと考えようというわけである．このように，量子効果が重要であるような状況下では電子も場とみなされるから，電磁場の下での電子の振舞いを記述するためには，電子の場と電磁場からなる系の場の方程式を解かなければならない．すなわち，電子の量子論的な振舞いを知るためには，電子の場と電磁場から成る系のラグランジアンを知る必要がある．

a) 電子の場

時刻 t に点 $\boldsymbol{r}$ で電子を見いだす確率を $P(\boldsymbol{r}, t)$ としよう．量子論では，この確率 P を求めるために，まず，電子に対する基礎方程式(すなわちSchrödinger

方程式)を解いて電子の波動関数 ψ を求める．この波動関数自身は直接観測の対象になるものではないが，その絶対値の 2 乗

$$P = |\psi|^2$$

が求める確率になる．

電子の波動関数 ψ に対する Schrödinger 方程式は

$$i\hbar\frac{\partial\psi}{\partial t} = \hat{H}\psi \tag{8.72}$$

である．ここで，$\hbar=h/2\pi$ であり，h は Planck 定数である．また，$\hat{H}$ は，古典的ハミルトニアン $H_{\mathrm{c}}(\boldsymbol{r},\boldsymbol{p})$ において，運動量 $\boldsymbol{p}$ を微分演算子 $-i\hbar\nabla$ で置き換えたものである．

$$\hat{H} = H_{\mathrm{c}}(\boldsymbol{r}, -i\hbar\nabla) \tag{8.73}$$

以下では，簡単のために，電子のスピンは無視し，相対論的な効果も無視する．これらを正しく取り入れるためには Dirac 方程式を考える必要があるが，それはこの本の範囲を超えるので，取り扱わないこととする．

質量 m の自由な電子の古典的ハミルトニアンは，式(8.58)で $Q=0$ とおいたもので

$$H_{\mathrm{c}} = \frac{\boldsymbol{p}^2}{2m} \tag{8.74}$$

であるから，自由な電子に対する Schrödinger 方程式は

$$i\hbar\frac{\partial\psi}{\partial t} = -\frac{\hbar^2}{2m}\Delta\psi \tag{8.75}$$

である．ここで，$\Delta=\nabla^2$ はラプラシアンである．

電磁場中の電子の古典的ハミルトニアンは，式(8.58)で $Q=-e$ とおいたもので

$$H_{\mathrm{c}} = \frac{(\boldsymbol{p}+e\boldsymbol{A})^2}{2m} - e\phi \tag{8.76}$$

であるから，電磁場中の電子に対する Schrödinger 方程式は

$$i\hbar\frac{\partial\psi}{\partial t} = -\frac{\hbar^2}{2m}\left(\nabla + i\frac{e}{\hbar}\boldsymbol{A}\right)^2\psi - e\phi\psi \tag{8.77}$$

となる．

電子の波動関数 ψ は，確率波の振幅であると考えられるから，確率波の意味での波動場だとみなすことができる．だから，Schrödinger 方程式は，確率波の場の方程式であると考えることができる．そこで，われわれは，Schrödinger 方程式(8.72)で記述される電子の量子論を，場の方程式(8.72)を基礎方程式とする電子の場の理論とみなすこととしよう．

式(8.72)を場の方程式とするラグランジアン密度 $\mathscr{L}$ を求めよう．このことを実行するために，すこし技術的な準備をしよう．波動関数 ψ は複素数である．ψ の実部を ψ_1，虚部を ψ_2 とすると，$\psi=\psi_1+i\psi_2$ であり，波動関数 ψ は2つの独立成分をもっている．Schrödinger 方程式(8.72)の実部と虚部も ψ_1 と ψ_2 を使って表わされ，互いに独立である．

$$\begin{aligned} &\text{実部} \qquad -\hbar\frac{\partial\psi_2}{\partial t} = \hat{H}\psi_1 \\ &\text{虚部} \qquad \hbar\frac{\partial\psi_1}{\partial t} = \hat{H}\psi_2 \end{aligned} \tag{8.78}$$

ここで，ハミルトニアン $\hat{H}$ は Hermite 演算子だから，$\hat{H}\psi_1$ および $\hat{H}\psi_2$ は実数である．したがって，仮想仕事の原理は，この2つの独立成分について書き表わさなければならず

$$\left(-\hbar\frac{\partial\psi_2}{\partial t}-\hat{H}\psi_1\right)\delta\psi_1+\left(\hbar\frac{\partial\psi_1}{\partial t}-\hat{H}\psi_2\right)\delta\psi_2 = 0 \tag{8.79}$$

となる．ところで，この式は，$\delta\psi=\delta\psi_1+i\delta\psi_2$ および $\delta\psi^*=\delta\psi_1-i\delta\psi_2$ を使えば

$$\left(i\hbar\frac{\partial\psi}{\partial t}-\hat{H}\psi\right)\delta\psi^*+\left(-i\hbar\frac{\partial\psi^*}{\partial t}-\hat{H}\psi^*\right)\delta\psi = 0 \tag{8.80}$$

と書き直すことができる．すなわち

$$i\hbar(\dot{\psi}\delta\psi^*-\dot{\psi}^*\delta\psi)-\delta\psi^*\hat{H}\psi-\delta\psi\hat{H}\psi^* = 0 \tag{8.81}$$

である．しかるに

$$\begin{aligned} \dot{\psi}\delta\psi^*-\dot{\psi}^*\delta\psi &= \delta(\dot{\psi}\psi^*)-\delta\dot{\psi}\psi^*-\dot{\psi}^*\delta\psi \\ &= \delta(\dot{\psi}\psi^*)-\frac{\partial}{\partial t}(\psi^*\delta\psi) \end{aligned}$$

であるから，式(8.81)は

$$\delta\left\{\psi^*\left(i\hbar\frac{\partial\psi}{\partial t}-\hat{H}\psi\right)\right\}-i\hbar\frac{\partial}{\partial t}(\psi^*\delta\psi) = 0 \qquad (8.82)$$

となる．ただし，$\delta\psi\hat{H}\psi^*$ と $\psi^*\hat{H}\delta\psi$ は，全空間で積分したときに，部分積分により同等となるという事実を用いた．式(8.82)の両辺を全空間で積分し，時間について t_1 から t_2 まで積分すれば

$$\delta\int_{t_1}^{t_2}dt\int d^3r\psi^*\left(i\hbar\frac{\partial}{\partial t}-\hat{H}\right)\psi-\left[\int d^3r\psi^*\delta\psi\right]_{t_1}^{t_2} = 0 \qquad (8.83)$$

である．いま，波動場 ψ の変分 $\delta\psi$ は，時間積分の下限 t_1 と上限 t_2 でゼロととっているので，式(8.83)の左辺第2項はゼロである．したがって，次のような結果が得られる．

$$\delta S = 0, \quad S = \int_{t_1}^{t_2}dt\int d^3r\mathcal{L}, \quad \mathcal{L} = \psi^*\left(i\hbar\frac{\partial}{\partial t}-\hat{H}\right)\psi \qquad (8.84)$$

すなわち，Schrödinger 方程式(8.72)で支配される電子の量子力学は，式(8.84)で与えられるラグランジアン密度 $\mathcal{L}$ によって記述される場の理論であると考えることができる．

ψ および ψ^* の正準共役な運動量 π_ψ および π_{ψ^*} は，定義(8.24)に従って計算することができ

$$\pi_\psi = i\hbar\psi^*, \quad \pi_{\psi^*} = 0 \qquad (8.85)$$

である．したがって，ハミルトニアン密度 $\mathcal{H}$ は

$$\mathcal{H} = \pi_\psi\dot{\psi}+\pi_{\psi^*}\dot{\psi}^*-\mathcal{L} = \psi^*\hat{H}\psi \qquad (8.86)$$

で与えられる．たとえば，自由電子のハミルトニアンは，式(8.73)と(8.74)を考慮すれば，上の式(8.86)から

$$H = \int d^3r\psi^*\left(-\frac{\hbar^2}{2m}\Delta\right)\psi \qquad (8.87)$$

である．また，電磁場中の電子のハミルトニアンは，式(8.73)と(8.76)を考慮すると

$$H = \int d^3 r \psi^* \left\{ -\frac{\hbar^2}{2m}\left(\nabla + i\frac{e}{\hbar}\boldsymbol{A}\right)^2 - e\phi \right\}\psi \tag{8.88}$$

となる．

式(8.85)でみたように，ラグランジアン(8.84)の下では，力学変数 ψ^* に正準共役な運動量 π_{ψ^*} はゼロになってしまう．このこと自体は，現在のところ何ら困ったことではないが，場の量子論に移行するときに困ってくることがある．じつは，ラグランジアンのつくりかたは，式(8.84)が唯一無二の方法というわけではなく，いくぶんかの任意性がある．この任意性を利用すると上の困難は避けることができる．たとえば，式(8.81)を書き換えるときに

$$\dot{\psi}\delta\psi^* - \dot{\psi}^*\delta\psi = \frac{1}{2}\delta(\dot{\psi}\psi^* - \dot{\psi}^*\psi) - \frac{1}{2}\frac{\partial}{\partial t}(\psi^*\delta\psi - \psi\delta\psi^*)$$

を用いると，ラグランジアンとしては

$$\mathscr{L} = \frac{1}{2}i\hbar\left(\psi^*\frac{\partial\psi}{\partial t} - \frac{\partial\psi^*}{\partial t}\psi\right) - \psi^*\hat{H}\psi \tag{8.89}$$

が得られ，π_{ψ^*} はゼロでなくなる．

b）電子の場と電磁場の系

前項でみたように，電磁場の中にある電子の場に対するラグランジアンは，式(8.84)および(8.73),(8.76)により

$$L = \int d^3 r \mathscr{L}$$

$$\mathscr{L} = i\hbar\psi^*\frac{\partial\psi}{\partial t} + \frac{\hbar^2}{2m}\psi^*\left(\nabla + i\frac{e}{\hbar}\boldsymbol{A}\right)^2\psi + e\phi\psi^*\psi \tag{8.90}$$

で与えられることがわかる．式(8.90)において

$$\psi^*\left(\nabla + i\frac{e}{\hbar}\boldsymbol{A}\right)^2\psi = \psi^*\Delta\psi + i\frac{e}{\hbar}\psi^*\nabla\cdot(\boldsymbol{A}\psi) + i\frac{e}{\hbar}\psi^*\boldsymbol{A}\cdot\nabla\psi - \frac{e^2}{\hbar^2}\boldsymbol{A}^2\psi^*\psi$$

$$= \psi^*\Delta\psi + i\frac{e}{\hbar}(\psi^*\check{\nabla}\psi)\cdot\boldsymbol{A} - \frac{e^2}{\hbar^2}\boldsymbol{A}^2\psi^*\psi + i\frac{e}{\hbar}\nabla\cdot(\boldsymbol{A}\psi^*\psi)$$

ただし，　$A\check{\nabla}B = A\nabla B - (\nabla A)B$

であり，この式の最後の項は発散の形をしているから，式(8.90)の空間積分をしたときに，表面項となってゼロとなる(無限遠方では場は減衰しているとする)．だから，この項はラグランジアン(8.90)には寄与しない．そこで，ラグランジアン密度においても，この項は落とすことにすると

$$\mathcal{L} = i\hbar\psi^*\frac{\partial\psi}{\partial t}+\frac{\hbar^2}{2m}\psi^*\Delta\psi+i\frac{e\hbar}{2m}(\psi^*\check{\nabla}\psi)\cdot\boldsymbol{A}-\frac{e^2}{2m}\psi^*\psi\boldsymbol{A}^2+e\psi^*\psi\phi \tag{8.91}$$

と書くことができる．いま

$$\begin{aligned}\rho &= -e\psi^*\psi\\ \boldsymbol{j} &= -e\left(\frac{\hbar}{2mi}\psi^*\check{\nabla}\psi+\frac{e}{m}\psi^*\psi\boldsymbol{A}\right)\end{aligned} \tag{8.92}$$

とおけば，ラグランジアン密度は

$$\mathcal{L} = i\hbar\psi^*\frac{\partial\psi}{\partial t}+\frac{\hbar^2}{2m}\psi^*\Delta\psi+\int^{\boldsymbol{A}}\boldsymbol{j}\cdot d\boldsymbol{A}-\rho\phi \tag{8.93}$$

とまとめられる．ここで，右辺第2項は，$\boldsymbol{j}$ がベクトルポテンシャル $\boldsymbol{A}$ に依存するため，不定積分の形で書いた．このような事態が発生するのは，いま，非相対論的な議論をしているためであって，Dirac 方程式を用いた相対論的な議論をすれば，このような非線形性は起こらない．

ここで新たに定義された量 ρ および $\boldsymbol{j}$ は，それぞれ，電荷密度と電流密度になっていることを示すことができる．このことを示すために，まず，ラグランジアン密度(8.90)の Euler-Lagrange 方程式としての Schrödinger 方程式を導いておこう．

$$\frac{\partial}{\partial t}\frac{\partial\mathcal{L}}{\partial\dot{\psi}}+\nabla\cdot\frac{\partial\mathcal{L}}{\partial(\nabla\psi)}-\frac{\partial\mathcal{L}}{\partial\psi} = i\hbar\frac{\partial\psi^*}{\partial t}-\frac{\hbar^2}{2m}\left(-\nabla+i\frac{e}{\hbar}\boldsymbol{A}\right)^2\psi^*-e\phi\psi^* = 0$$

$$\therefore\quad i\hbar\frac{\partial\psi^*}{\partial t} = \frac{\hbar^2}{2m}\left(\nabla-i\frac{e}{\hbar}\boldsymbol{A}\right)^2\psi^*+e\phi\psi^* \tag{8.94}$$

式(8.94)はたしかに ψ^* に対する Schrödinger 方程式になっている．

$$\frac{\partial}{\partial t}\frac{\partial \mathcal{L}}{\partial \dot{\psi}^*}+\nabla\cdot\frac{\partial \mathcal{L}}{\partial(\nabla\psi^*)}-\frac{\partial \mathcal{L}}{\partial \psi^*} = -i\hbar\frac{\partial\psi}{\partial t}-\frac{\hbar^2}{2m}\left(\nabla+i\frac{e}{\hbar}\boldsymbol{A}\right)^2\psi-e\phi\psi = 0$$

$$\therefore\quad i\hbar\frac{\partial\psi}{\partial t} = -\frac{\hbar^2}{2m}\left(\nabla+i\frac{e}{\hbar}\boldsymbol{A}\right)^2\psi-e\phi\psi \tag{8.95}$$

式(8.95)はたしかに ψ に対する Schrödinger 方程式になっている．さて，式(8.94)の両辺に ψ をかけ，式(8.95)の両辺に ψ^* をかけて，和をとると

$$i\hbar\frac{\partial}{\partial t}(\psi^*\psi) = -\frac{\hbar^2}{2m}\nabla\cdot\left(\psi^*\check{\nabla}\psi+2i\frac{e}{\hbar}\psi^*\psi\boldsymbol{A}\right) \tag{8.96}$$

となる．これに式(8.92)を代入すると

$$\frac{\partial\rho}{\partial t}+\nabla\cdot\boldsymbol{j} = 0 \tag{8.97}$$

となり，ちょうど電荷保存の式(3.3)になっている．だから，式(8.92)で定義される ρ と $\boldsymbol{j}$ を，それぞれ電荷密度と電流密度だと考えることとしよう．

ラグランジアン密度(8.93)には，まだ電磁場を記述する部分がはいっていない．電磁場のラグランジアン密度は，すでに8-2節c項で求めており，式(8.71)に与えられている．ただし，この式では，$\boldsymbol{j}$ が $\boldsymbol{A}$ に依存しないために，$\boldsymbol{A}$ についての積分が現われず，$\boldsymbol{j}\cdot\boldsymbol{A}$ となっている点に注意が必要である．そこで，$\boldsymbol{j}\cdot\boldsymbol{A}$ の項については，非相対論的な式(8.93)のほうを採用することとし，式(8.71)と式(8.93)を融合すると

$$\mathcal{L} = i\hbar\psi^*\frac{\partial\psi}{\partial t}+\frac{\hbar^2}{2m}\psi^*\Delta\psi+\int^{\boldsymbol{A}}\boldsymbol{j}\cdot d\boldsymbol{A}-\rho\phi-\frac{1}{4\mu_0}F^{\mu\nu}F_{\mu\nu} \tag{8.98}$$

となる．これが，電子の場と電磁場の系に対するラグランジアン密度である．このラグランジアン密度は，発散の形の項を別とすれば，次のように書いてもよい．

$$\mathcal{L} = i\hbar\psi^*\frac{\partial\psi}{\partial t}+\frac{\hbar^2}{2m}\psi^*\left(\nabla+i\frac{e}{\hbar}\boldsymbol{A}\right)^2\psi+e\phi\psi^*\psi-\frac{1}{4\mu_0}F^{\mu\nu}F_{\mu\nu} \tag{8.99}$$

ラグランジアン密度(8.98)の Euler-Lagrange 方程式として，たしかに Maxwell 方程式が得られることを次に示そう．この場合の力学変数は電磁場

のポテンシャル A_μ である．これに対する Euler-Lagrange 方程式は，式(8.23)により

$$\partial_\mu \frac{\partial \mathcal{L}}{\partial(\partial_\mu A_\nu)} - \frac{\partial \mathcal{L}}{\partial A_\nu} = 0 \tag{8.100}$$

で与えられる．いまは，電子の場のほうが非相対論的であるから，$\nu=0$ の場合と $\nu=j$ $(j=1,2,3)$ の場合を分けて考えたほうが都合がよい．まず，$\nu=0$ の場合を考えると

$$\partial_\mu \frac{\partial \mathcal{L}}{\partial(\partial_\mu A_0)} - \frac{\partial \mathcal{L}}{\partial A_0} = -\frac{1}{\mu_0}\partial_\mu F^{\mu 0} + c\rho = 0$$

$$\therefore \quad \mathrm{div}\,\boldsymbol{E} = \frac{1}{\varepsilon_0}\rho \tag{8.101}$$

であり，$\nu=j$ の場合を考えると

$$\partial_\mu \frac{\partial \mathcal{L}}{\partial(\partial_\mu A_j)} - \frac{\partial \mathcal{L}}{\partial A_j} = \frac{1}{\mu_0}\partial_\mu F^{\mu j} - j^j = 0$$

$$\therefore \quad \mathrm{rot}\,\boldsymbol{H} - \frac{\partial \boldsymbol{D}}{\partial t} = \boldsymbol{j} \tag{8.102}$$

である．式(8.101)と(8.102)は Maxwell 方程式に他ならない．

9

ゲージ場の古典論

古典的な荷電粒子と電磁場の系を 8-2 節で考え，電子の場と電磁場の系を 8-3 節で考察した．このような荷電粒子と電磁場の系の力学を記述する理論は，もちろん電磁気学の一分野であるが，特に**電気力学**(electrodynamics)とよばれることがある．

電気力学には，第 5 章で述べたゲージ不変性という対称性がそなわっている．この対称性は，理論の結果として出てくるものであるが，これをより基本的なものと考え，ゲージ不変性を満足する理論は電気力学のみであると主張することはできないであろうか．これがじつは可能であるというのが，本章での主な話題である．

電気力学で現われるゲージ不変性は，より広いゲージ不変性のほんの特殊な場合で，Abel ゲージ不変性というものである．これに対して，非 Abel ゲージ不変性とよばれるものがあって，この不変性に基づく新しい理論が存在する．これを一般に Yang-Mills 理論(または，非 Abel ゲージ場理論)とよんでいる．本章では，まず Abel ゲージ不変性を議論し，最後に非 Abel ゲージ不変性について考察する．

電気力学に現われる場を量子化したものを**量子電気力学**(quantum

electrodynamics)とよぶ．一般に，場の理論において場を量子化したとき，これを場の量子論とよぶ．これに対して，量子化する前の場の理論を，特に場の量子論と区別するために，場の古典論という．この章では，場の古典論に話を限ることとする．

9-1 ゲージ原理

ゲージ不変性から理論がきまるという要請を**ゲージ原理**という．ゲージ原理からその存在を要求される場を**ゲージ場**といい，ゲージ原理からきまってくる場の理論を**ゲージ場の理論**という．

この節では，電気力学におけるゲージ原理を，まず古典的荷電粒子の電気力学において説明し，次に電子の電気力学において，より一般的な形で与える．

a) 古典的荷電粒子とゲージ原理

5-3節でみたように，電磁場のポテンシャルに対するゲージ変換

$$\phi' = \phi + \frac{\partial \chi}{\partial t} \tag{5.18}$$

$$\boldsymbol{A}' = \boldsymbol{A} - \nabla\chi \tag{5.19}$$

の下で，Maxwell方程式は不変である．このことは，相対論的に共変な形で式を書き表わせば，以下にみるように一目瞭然である．変換(5.18)および(5.19)は，相対論的な記法(7.46)および(7.71)を考慮すると，式(7.100)のような相対論的な形に書き直すことができる．

$$A^{\mu\prime} = A^{\mu} + \partial^{\mu}\chi \tag{9.1}$$

ただし，∂^{μ}は，式(7.71)から

$$\partial^{\mu} = g^{\mu\nu}\partial_{\nu} = \left(\frac{\partial}{c\partial t}, -\nabla\right) \tag{9.2}$$

となることに注意．Maxwell方程式を共変形式で書いたものは，式(7.90)で与えられ

$$\partial_{\mu}F^{\mu\nu} = \mu_0 j^{\nu} \tag{7.90}$$

である．ここで，電磁場とポテンシャルとの関係は

$$F^{\mu\nu} = \partial^\mu A^\nu - \partial^\nu A^\mu \tag{7.83}$$

で与えられる．電磁場(7.83)はゲージ変換(9.1)の下で明らかに不変であり，したがって Maxwell 方程式(7.90)も不変である．

Maxwell 方程式(7.90)を再現するラグランジアンは，

$$L = \int d^3r\mathscr{L}, \qquad \mathscr{L} = -\frac{1}{4\mu_0}F^{\mu\nu}F_{\mu\nu} - j^\mu A_\mu \tag{8.71}$$

である．このラグランジアンで，$F^{\mu\nu}F_{\mu\nu}$ の部分はゲージ不変であるが，$j^\mu A_\mu$ の部分は不変でない．古典的荷電粒子のラグランジアン(8.46)または(8.48)も同様の理由でゲージ不変でない．しかし，これらの事実の裏には，何か隠されているものがあるのではないだろうか．

このへんの事情を理解するために，8-2 節 b 項で考えた Hamilton-Jacobi 方程式を調べてみよう．電磁場中の古典的荷電粒子の運動を記述する Hamilton-Jacobi 方程式は式(8.59)で与えられ

$$\frac{\partial S}{\partial t} + \frac{1}{2m}(\nabla S - Q\boldsymbol{A})^2 + Q\phi = 0 \tag{8.59}$$

である．式(8.59)でゲージ変換(5.18)と(5.19)を行なうと

$$\frac{\partial S}{\partial t} + \frac{1}{2m}(\nabla S - Q\boldsymbol{A}' - Q\,\nabla\chi)^2 + Q\phi' - Q\frac{\partial \chi}{\partial t} = 0$$

となり，

$$\frac{\partial (S - Q\chi)}{\partial t} + \frac{1}{2m}\{\nabla(S - Q\chi) - Q\boldsymbol{A}'\}^2 + Q\phi' = 0 \tag{9.3}$$

と書ける．だから，ゲージ変換(5.18)と(5.19)を行なうときに，同時に作用 S も

$$S' = S - Q\chi \tag{9.4}$$

のように変換してやることにすれば，Hamilton-Jacobi 方程式は

$$\frac{\partial S'}{\partial t} + \frac{1}{2m}(\nabla S' - Q\boldsymbol{A}')^2 + Q\phi' = 0 \tag{9.5}$$

となり，その形が不変に保たれる．古典的荷電粒子の運動に関しては，ゲージ変換(5.18)と(5.19)を行なうときに，つねに変換(9.4)も行なうことにすれば，理論の不変性が保たれるわけである．そこで，変換(9.4)もゲージ変換の仲間にいれて，式(5.18),(5.19),(9.4)をゲージ変換とよぶことにする．そうすると，電磁場中の古典的荷電粒子の運動は，ゲージ不変性を満足しているということができる．

さて，この議論を逆転させて，変換(9.4)から出発して理論を組み立てていったらどうなるかを考えてみよう．質量 m の自由粒子の Hamilton-Jacobi 方程式を考える．

$$\frac{\partial S}{\partial t}+\frac{(\nabla S)^2}{2m}=0 \tag{9.6}$$

この方程式には，作用 S は，その微分の形でしか含まれていない．したがって，

$$S \rightarrow S' = S+C \qquad (C=\text{任意定数}) \tag{9.7}$$

のように．S を定数だけずらしても式は変わらない．すなわち，式(9.6)は，作用 S を任意定数だけずらしても不変である，という対称性をもっている．この任意定数 C が場所と時刻によって変わったら，すなわち，変換が局所的なものになったら，どうなるだろうか．もちろん，式(9.6)の不変性は失われる．しかし，そのような変換

$$S \rightarrow S' = S+C(\boldsymbol{r}, t) \tag{9.8}$$

の下での，式(9.6)の変化

$$\frac{\partial S'}{\partial t}+\frac{(\nabla S'-\nabla C)^2}{2m}-\frac{\partial C}{\partial t}=0 \tag{9.9}$$

をみると，変換(9.8)で変わらないためには，もともとの式が(9.6)の形ではなくて

$$\frac{\partial S}{\partial t}+\frac{(\nabla S-\boldsymbol{a})^2}{2m}-b=0 \tag{9.10}$$

の形をしていて

$$
\begin{aligned}
\boldsymbol{a}' &= \boldsymbol{a} + \nabla C \\
b' &= b + \dot{C}
\end{aligned}
\tag{9.11}
$$

のような変換則に従う場 $\boldsymbol{a}, b$ を含んでいればよいことがわかる(これらの場を電磁場に置き換えるには，$\boldsymbol{a} = Q\boldsymbol{A}$，$b = -Q\phi$ と置けばよい)．すなわち，自由粒子の Hamilton-Jacobi 方程式(9.6)がもつ平行移動変換(9.7)の下での不変性は，変換を局所的なものにしたとき，新たな場の下での方程式の存在を示唆する．このように，ゲージ変換(9.8)によって新たに要求される場 $\boldsymbol{a}, b$ を**ゲージ場**という．時刻や場所によらない変換(9.7)を**大域的**(global)**ゲージ変換**，時刻と場所に依存する変換(9.8)を**局所的**(local)**ゲージ変換**とよんで，たがいに区別することとする．

ゲージ変換(9.8)を2度行なったとしよう．その変換を

$$
S' = S + C + C' \tag{9.12}
$$

と書く．ここで，C が最初の変換で，C' が2度目の変換である．一方，最初に C' の変換をし，2度目に C の変換をしても，やはり式(9.12)の変換になる．すなわち，このゲージ変換は交換可能である．このような交換可能なゲージ変換を，**可換ゲージ変換**または **Abel ゲージ変換**とよぶ．

ここで定義された新しい言葉を用いると，上で議論したことは次のようにまとめられる．

> 自由粒子の Hamilton-Jacobi 方程式は，大域的可換ゲージ変換の下で不変である．その大域的変換に対応して，局所的可換ゲージ変換を考えることができる．局所的可換ゲージ変換の下で不変な方程式は，ゲージ場(電磁場)を含んでおり，電磁場の下での粒子の運動を記述する．

このように，電磁気学は，局所的可換ゲージ変換の下で不変なゲージ場の理論として一意的に導くことができる．もっと簡潔な言い方をすれば，電磁気学は，可換ゲージ変換に対するゲージ原理から，一意的に導かれる．

電磁気学は，種々の実験事実をもとにして定式化されたものであり，いくたび歴史が繰り返されても，このプロセスは同じであろう．しかしながら，論理

的には，可換ゲージ原理という大前提から，実験とは何のかかわりもなく，電磁気学に到達するという可能性は存在する．このようなアプローチによって，電磁気学を違った観点からまとめ直すことができるが，応用上特に役に立つというものでもない．しかし，9-3 節で示すように，可換ゲージ変換を非可換ゲージ変換に拡張した途端に，新しい展望が開けてくることになる．

b） 量子力学との関係

前項で，Hamilton-Jacobi 方程式を使って，古典的荷電粒子の電磁気学が，可換ゲージ原理から導かれることをみた．一方，電子のような量子力学的な対象は，確率波の波動場についての場の理論によって記述されることを，8-3 節で示した．古典的荷電粒子についてみた可換ゲージ原理は，電子の場の理論では，どんな形で姿を現わすのだろうか．

この点についてのヒントを得るために，量子力学の古典的極限を調べてみることとしよう．電磁場中の電子の場に対するラグランジアンは，式(8.90)で与えられ，その Euler-Lagrange 方程式としての Schrödinger 方程式は，式(8.77)で与えられる．対応するハミルトニアンは式(8.88)に与えられている．電子の場(波動関数) ψ は複素数なのだから，極形式で表わすと

$$\psi(\boldsymbol{r},t) = R(\boldsymbol{r},t)e^{iS(\boldsymbol{r},t)/\hbar} \tag{9.13}$$

である．ここで，R および S は実数である．式(9.13)において，古典的極限 $\hbar\to 0$ をとることを考慮して，位相部分は $1/\hbar$ を抜き出してある．式(9.13)を Schrödinger 方程式(8.77)に代入し，実部をとると

$$R\frac{\partial S}{\partial t} = \frac{\hbar^2}{2m}\Delta R - \frac{R}{2m}(\nabla S + e\boldsymbol{A})^2 - e\phi R \tag{9.14}$$

となる．式(9.14)の右辺第 1 項は $\hbar$ の高次項であるから無視し，両辺を R で割ると

$$\frac{\partial S}{\partial t} + \frac{1}{2m}(\nabla S + e\boldsymbol{A})^2 - e\phi = 0 \tag{9.15}$$

となり，電荷 $Q=-e$ の古典的荷電粒子の Hamilton-Jacobi 方程式(8.59)に完全に一致する．

波動関数(9.13)の位相部分に現われる関数 S は，古典的極限ではちょうど作用 S に対応していることがわかる．電荷 $-e$ の古典的荷電粒子の場合のゲージ変換は，式(9.4)により

$$S' = S + e\chi \tag{9.16}$$

である．波動関数(9.13)に対しては，この変換は位相変換

$$\psi' = e^{-ie\chi/\hbar}\psi \tag{9.17}$$

になっている．よって，波動関数に対する局所的位相変換(9.17)は，可換ゲージ変換になっている，という結論に達する．

9-2 電磁場のゲージ理論

8-3節で考えたような電子の場と電磁場の系を考えよう．この系に対するラグランジアン密度は，式(8.99)で与えられる．

$$\mathscr{L} = i\hbar\psi^*\frac{\partial\psi}{\partial t} + \frac{\hbar^2}{2m}\psi^*\left(\nabla + i\frac{e}{\hbar}\boldsymbol{A}\right)^2\psi + e\phi\psi^*\psi - \frac{1}{4\mu_0}F^{\mu\nu}F_{\mu\nu} \tag{8.99}$$

ゲージ変換は(5.18),(5.19),(9.17)で与えられる．

$$\phi' = \phi + \dot{\chi} \tag{5.18}$$

$$\boldsymbol{A}' = \boldsymbol{A} - \nabla\chi \tag{5.19}$$

$$\psi' = e^{-ie\chi/\hbar}\psi \tag{9.17}$$

ラグランジアン密度(8.99)をみると

$$\left(\nabla + i\frac{e}{\hbar}\boldsymbol{A}\right)\psi \quad \text{あるいは} \quad \left(\frac{\partial}{\partial t} - i\frac{e}{\hbar}\phi\right)\psi \tag{9.18}$$

といった組合せが現われる．これらに対してゲージ変換をほどこしてみると

$$\left(\nabla + i\frac{e}{\hbar}\boldsymbol{A}\right)\psi = e^{ie\chi/\hbar}\left(\nabla + i\frac{e}{\hbar}\boldsymbol{A}'\right)\psi' \tag{9.19}$$

$$\left(\frac{\partial}{\partial t} - i\frac{e}{\hbar}\phi\right)\psi = e^{ie\chi/\hbar}\left(\frac{\partial}{\partial t} - i\frac{e}{\hbar}\phi'\right)\psi' \tag{9.20}$$

となり，式(9.18)のような組合せは，式(9.17)と同じ変換をしている．すなわ

ち，∇とか$\partial/\partial t$のような単なる微分と違って，式(9.18)に現われるような組合せは，ゲージ変換に対して都合のいい性質をもっている．そこで

$$\boldsymbol{D} \equiv \nabla + i\frac{e}{\hbar}\boldsymbol{A} \quad あるいは \quad D_0 \equiv \frac{1}{c}\frac{\partial}{\partial t} - i\frac{e}{\hbar c}\phi \tag{9.21}$$

のような組合せを，(ゲージ変換に関する)**共変微分**とよんでいる．式(9.19)と(9.20)を，共変微分(9.21)を用いて書き表わすと

$$\boldsymbol{D}'\psi' = e^{-ie\chi/\hbar}\boldsymbol{D}\psi$$

$$D_0{}'\psi' = e^{-ie\chi/\hbar}D_0\psi$$

となり，式(9.17)と同じ変換に従っているのが明らかに分かる．

ラグランジアン密度(8.99)は共変微分の形で書けているのだから，ゲージ変換(5.18)，(5.19)，(9.17)の下で不変であることは，もはや一目瞭然である．

さて，ここで話を逆転させてみよう．すなわち，自由な電子から出発して，ゲージ原理により，ゲージ場として電磁場を導入しよう．自由な電子の場に対するラグランジアン密度は

$$\mathcal{L} = i\hbar\psi^*\frac{\partial\psi}{\partial t} + \frac{\hbar^2}{2m}\psi^*\Delta\psi \tag{9.22}$$

である．いま，定数のχに対するゲージ変換(9.17)，すなわち大域的ゲージ変換を考えてみよう．大域的なゲージ変換の下では，式(9.22)は明らかに不変である．次に，χを時間と場所に依存してもよいとすると，局所的ゲージ変換になる．局所的ゲージ変換の下では，もちろんラグランジアン密度(9.22)は不変ではなく，ψをψ'とおきかえることによって

$$\mathcal{L} = i\hbar\psi^*\frac{\partial\psi}{\partial t} + e\dot{\chi} + \frac{\hbar^2}{2m}\psi^*\left(\nabla - i\frac{e}{\hbar}\nabla\chi\right)^2\psi \tag{9.23}$$

となる．これから示唆されるゲージ不変なラグランジアン密度は

$$\mathcal{L} = i\hbar c\psi^* D_0\psi + \frac{\hbar^2}{2m}\psi^*\boldsymbol{D}^2\psi \tag{9.24}$$

である．このように，局所的ゲージ変換に対する不変性の要求から，ゲージ場$\boldsymbol{A}, \phi$の存在が要請される．

式(9.24)に現われる項の他に，まだ電磁場のみからなる項が，可能な項として考えられる．この項は，電磁場のポテンシャル A^μ について2次以下で微分 ∂^μ についても2次以下であるとしよう．そのような項で，ゲージ不変性を満たし，相対論的不変な項は

$$g_{\mu\nu}F^{\mu\nu}F^{\mu\nu} \quad \text{および} \quad \varepsilon_{\mu\nu\lambda\rho}F^{\mu\nu}F^{\lambda\rho} \tag{9.25}$$

である．ここで，$\varepsilon_{\mu\nu\lambda\rho}$ は4次元の反対称テンソルで

$$\varepsilon_{\mu\nu\lambda\rho} = \begin{cases} +1 & ((\mu,\nu,\lambda,\rho)\text{が}(0,1,2,3)\text{およびその偶置換}) \\ -1 & ((\mu,\nu,\lambda,\rho)\text{が}(0,1,2,3)\text{の奇置換}) \\ \ \ 0 & (\text{その他の場合}) \end{cases} \tag{9.26}$$

によって定義される．ところで，式(9.25)の第2番目のものは

$$\varepsilon_{\mu\nu\lambda\rho}F^{\mu\nu}F^{\lambda\rho} = 4\varepsilon_{0ijk}F^{0i}F^{jk} = \frac{2}{c}\boldsymbol{E}\cdot\boldsymbol{B} \tag{9.27}$$

と書くことができ，空間反転

$$\boldsymbol{x} \to -\boldsymbol{x} \tag{9.28}$$

によって符号を変えることがわかる．したがって，電磁場のラグランジアンとしてふさわしくない．それで，第1番目のもののみが残り，結局，電磁場のラグランジアン密度

$$\mathscr{L} = -\frac{1}{4\mu_0}F^{\mu\nu}F_{\mu\nu} \tag{9.29}$$

が得られる．ここで，係数は，ハミルトニアン密度がちょうどエネルギー密度と一致するように選んだ．

ラグランジアン密度(9.24)と(9.29)の和が，電磁場中の電子の振舞いを記述するラグランジアン密度である．ここで示したように，電磁場と電子の系は，ゲージ不変性の要請から一意的に導かれる理論によって記述される．電磁気学は，可換ゲージ原理から必然的に出てくる場の理論であるといえる．

9-3 Yang-Mills 場の理論

電子と同じような量子力学的粒子を考えよう．この粒子を，仮に**クォーク**(quark)とよぶことにする．電子と違って，クォークは，電荷とは違った新しい自由度をもっており，このために2つの成分をもっているものとする．すなわち，クォークの波動関数 ψ は

$$\psi = \begin{pmatrix} \psi_1 \\ \psi_2 \end{pmatrix} \tag{9.30}$$

であるとしよう．(実際のクォークは3成分で，新しい自由度は**カラー**とよばれている．ここでは，話を簡単にするために，2成分であるとして議論を進める．)

電子の波動関数に対して，大域的ゲージ変換，すなわち定数の χ に対するゲージ変換(9.17)を考えた．クォークの波動関数(9.30)に対しても，大域的変換を考えてみよう．クォークの波動関数は2成分だから，最も一般的な1次変換としては

$$\begin{aligned} \psi_1' &= u_{11}\psi_1 + u_{12}\psi_2 \\ \psi_2' &= u_{21}\psi_1 + u_{22}\psi_2 \end{aligned} \tag{9.31}$$

と書くことができる．ここで，$u_{ij}\,(i, j = 1, 2)$ は，適当な定数である．式(9.31)は，2行2列の行列

$$U = \begin{pmatrix} u_{11} & u_{12} \\ u_{21} & u_{22} \end{pmatrix} \tag{9.32}$$

を用いて

$$\psi' = U\psi \tag{9.33}$$

と表わされる．この変換行列 U は，以後ユニタリー行列であるとしよう．すなわち

$$U^\dagger U = UU^\dagger = 1 \tag{9.34}$$

ここで，$U^\dagger$ は U の Hermite 共役で，$U^\dagger = U^{*\mathrm{T}}$ (添字 T は行列の転置を表わ

す)であり，1は単位行列を表わす．

クォーク ψ の自由場のラグランジアン密度を考えよう．

$$\begin{aligned}\mathcal{L} &= i\hbar\psi_1{}^\dagger\frac{\partial\psi_1}{\partial t}+i\hbar\psi_2{}^\dagger\frac{\partial\psi_2}{\partial t}+\frac{\hbar^2}{2m}(\psi_1{}^\dagger\Delta\psi_1+\psi_2{}^\dagger\Delta\psi_2)\\ &= i\hbar\psi^\dagger\frac{\partial\psi}{\partial t}+\frac{\hbar^2}{2m}\psi^\dagger\Delta\psi \qquad (9.35)\end{aligned}$$

式(9.35)は，明らかに，大域的ゲージ変換(9.33)の下で不変である．さて，次に，行列 U の行列要素 u_{ij} が，定数でなくて，時刻と場所に依存する場合を考えてみよう．すなわち，変換(9.33)を局所的ゲージ変換とみなしてみる．この変換の下では，式(9.35)はもちろん不変ではなくて

$$\mathcal{L} = i\hbar\psi'^\dagger\left(\frac{\partial}{\partial t}+U\frac{\partial U^\dagger}{\partial t}\right)\psi'+\frac{\hbar^2}{2m}\psi'^\dagger(\nabla+U\nabla U^\dagger)^2\psi' \qquad (9.36)$$

と形を変える．しかしながら，この式の形から，次に示すようなことが分かる．2行2列の行列の形をしたゲージ場 G_0 と $\boldsymbol{G}$ を導入し，共変微分

$$\begin{aligned}D_{0ab} &= \delta_{ab}\frac{1}{c}\frac{\partial}{\partial t}-G_{0ab}\\ \boldsymbol{D}_{ab} &= \delta_{ab}\nabla-\boldsymbol{G}_{ab}\end{aligned} \qquad (9.37)$$

を定義する．これらの共変微分を用いて，クォークに対する新しいラグランジアン密度

$$\mathcal{L} = i\hbar c\psi^\dagger D_0\psi+\frac{\hbar^2}{2m}\psi^\dagger\boldsymbol{D}^2\psi \qquad (9.38)$$

を考える．局所的ゲージ変換(9.33)を行なうときに，同時にゲージ場も

$$\begin{aligned}G_0' &= UG_0U^\dagger+U\frac{1}{c}\frac{\partial U^\dagger}{\partial t}\\ \boldsymbol{G}' &= U\boldsymbol{G}U^\dagger+U\nabla U^\dagger\end{aligned} \qquad (9.39)$$

のように変換するものとすると，ラグランジアン密度(9.38)は形を変えない．すなわち変換(9.33)と(9.39)をひとまとめにして局所的ゲージ変換と考えれば，クォークに対するラグランジアン密度(9.38)は，この変換の下で不変である．

変換(9.33)は，すぐ後でも示すように，非可換変換であるから，非可換ゲージ変換とよばれる．前節では，電磁気学が，可換ゲージ原理から一意的に導かれることを示した．いまここで示したことは，前節の自然な拡張であり，非可換ゲージ原理から，1つの新しいゲージ場の理論が導かれることを示唆している．この新しいゲージ場の理論を，**非 Abel ゲージ場理論**または**Yang-Mills 理論**といい，非可換ゲージ原理から要求されるゲージ場を，**非 Abel ゲージ場**または **Yang-Mills 場**という．Yang-Mills 理論は，1954 年に C.N. Yang と R.L. Mills によって初めて導入された．

今日では，素粒子の振舞いを記述する基本法則は，ゲージ原理から導かれるものであると考えられており，素粒子の標準理論はゲージ場の理論によって与えられている．特に，非可換ゲージ原理に基づく Yang-Mills 理論は，素粒子の強い相互作用の理論である量子色力学や，弱い相互作用と電磁相互作用の統一理論である電弱理論において不可欠のものである．Yang-Mills 理論は，統計物理学においても，スピングラスの理論などに応用されている．

さて，変換(9.33)によって変換された場 ψ' に，さらにユニタリー変換 U' を行なって

$$\psi'' = U'\psi' \tag{9.40}$$

となったとしよう．新しい場 ψ'' は，もともとの場 ψ から，変換

$$\psi'' = U'U\psi \tag{9.41}$$

によって直接得られるものと等しい．一方，変換の順序を上の変換と逆にしたもの

$$\psi''' = UU'\psi \tag{9.42}$$

は必ずしも ψ'' と同じではない．それは，行列に対して，交換則が必ずしも成り立たないからである．

$$U'U \neq UU' \tag{9.43}$$

9-2 節で考えた可換ゲージ場の場合と違って，ここで考えているゲージ変換(9.33)は非可換である．それで，変換(9.33)を非可換ゲージ変換とか非 Abel ゲージ変換などとよぶのである．

2行2列のすべてのユニタリー行列の集まり

$$U(2) = \{U\ ;\ U^{\dagger}U = UU^{\dagger} = 1\} \qquad (9.44)$$

を考えよう．この集まり $U(2)$ は群(group)をなす．実際，$U(2)$ は次のような群の条件を満たしている．

（1） $U(2)$ に含まれる任意の2つの行列 U と U' の積 UU' が定義されていて，これもまたユニタリー行列になるから，$U(2)$ の元である．

（2） $U(2)$ に含まれる任意の行列 U には，その逆行列 $U^{-1} = U^{\dagger}$ が存在する．

（3） 単位元1は $U(2)$ に含まれている．

群 $U(2)$ の任意の元 U をとり

$$U = e^{iM} = \sum_{n=0}^{\infty} \frac{(iM)^n}{n!} \qquad (9.45)$$

とおくと，U のユニタリー性から，行列 M は Hermite 行列でなければならない．

$$M = M^{\dagger} \qquad (9.46)$$

2行2列の Hermite 行列 M は，一般に

$$M = \begin{pmatrix} \gamma & \alpha - i\beta \\ \alpha + i\beta & \delta \end{pmatrix} \qquad (9.47)$$

と書くことができる．ここで，$\alpha, \beta, \gamma, \delta$ は実数である．

群 $U(2)$ の元 U のうちで

$$\det U = 1 \qquad (9.48)$$

を満たすもののみの集まり

$$SU(2) = \{U\ ;\ U^{\dagger}U = UU^{\dagger} = 1,\ \det U = 1\} \qquad (9.49)$$

は，$U(2)$ の部分群をなす．以下，$SU(2)$ を考えることとしよう．

行列 U を式(9.45)のように表わせば，条件(9.48)は

$$1 = \det U = e^{i\,\mathrm{Tr}\,M} \qquad (9.50)$$

となるから

$$\mathrm{Tr}\,M = 0 \qquad (9.51)$$

が得られる．したがって，式(9.47)において $\delta=-\gamma$ である．だから，$SU(2)$ の任意の行列 U は，3つの任意パラメーター α,β,γ を用いて

$$U=e^{iM}, \qquad M=\alpha\tau_1+\beta\tau_2+\gamma\tau_3 \tag{9.52}$$

と書き表わすことができる．ここで，$\tau_a\,(a=1,2,3)$ は Pauli 行列で

$$\tau_1=\begin{pmatrix}0 & 1\\ 1 & 0\end{pmatrix}, \qquad \tau_2=\begin{pmatrix}0 & -i\\ i & 0\end{pmatrix}, \qquad \tau_3=\begin{pmatrix}1 & 0\\ 0 & -1\end{pmatrix} \tag{9.53}$$

である．後の便宜上，パラメーターを

$$\alpha=-2\theta_1, \qquad \beta=-2\theta_2, \qquad \gamma=-2\theta_3$$

と取り直し

$$T_a=\frac{1}{2}\tau_a \qquad (a=1,2,3) \tag{9.54}$$

とおくと，結局，$SU(2)$ の任意の元 U は

$$U=e^{-i\theta_a T_a} \tag{9.55}$$

と書けることがわかる．ここで，行列 $T_a\,(a=1,2,3)$ は $SU(2)$ の**生成元** (generator)とよばれ，代数

$$[T_a, T_b]=i\varepsilon_{abc}T_c \tag{9.56}$$

を満足する．

ゲージ場 G_0 および $\boldsymbol{G}$ に $-i\hbar$ をかけたものは，2行2列の Hermite 行列であるから，上で定義した行列 T_a を用いて

$$G_0=igT^aA_0{}^a, \qquad \boldsymbol{G}=igT^a\boldsymbol{A}^a \tag{9.57}$$

と表わすことができる．ここで，T_a を T^a とかいた．g は任意定数で，**ゲージ結合定数**とよばれる．また，係数 $A_0{}^a$ と $\boldsymbol{A}^a$ はゲージ場で，4次元ベクトル

$$A_\mu{}^a=(A_0{}^a, \boldsymbol{A}^a) \tag{9.58}$$

となっている．これを**非 Abel ゲージ場**または **Yang-Mills 場**とよぶ．定義(9.57)を用いると，ゲージ場(9.58)の変換則は，式(9.39)により

$$T^aA_\mu{}^{a\prime}=T^aA_\mu{}^a+\frac{1}{ig}U\partial_\mu U^\dagger \tag{9.59}$$

となる．

パラメーター θ_a は小さいとして，θ_a の1次の項まで考えると

$$U = 1 - i\theta^a T^a \tag{9.60}$$

である．だから，クォークの場 ψ の変換則(9.33)とゲージ場 $A_\mu{}^a$ の変換則(9.59)は

$$\begin{aligned} \delta\psi &= -i\theta^a T^a \psi \\ \delta A_\mu{}^a &= \varepsilon^{abc}\theta^b A_\mu{}^c + \frac{1}{g}\partial_\mu \theta^a \end{aligned} \tag{9.61}$$

と書ける．ただし，$\delta\psi = \psi' - \psi$，$\delta A_\mu{}^a = A_\mu{}^{a\prime} - A_\mu{}^a$ である．また，共変微分は

$$D_\mu = \partial_\mu - igT^a A_\mu{}^a \tag{9.62}$$

となる．

次に，Yang-Mills 場のみからなるラグランジアン密度を求める．ゲージ場から作られるゲージ不変な組合せは，電磁場の場合は

$$\partial_\mu A_\nu - \partial_\nu A_\mu$$

で与えられたが，Yang-Mills 場 $A_\mu{}^a$ の場合は

$$\partial_\mu A_\nu{}^a - \partial_\nu A_\mu{}^a$$

は，変換(9.61)の下で変化する．ところが

$$F_{\mu\nu}{}^a = \partial_\mu A_\nu{}^a - \partial_\nu A_\mu{}^a + g\varepsilon^{abc} A_\mu{}^b A_\nu{}^c \tag{9.63}$$

は，変換(9.61)の下で

$$\delta F_{\mu\nu}{}^a = \varepsilon^{abc}\theta^b F_{\mu\nu}{}^a \tag{9.64}$$

であるから

$$\delta(F_{\mu\nu}{}^a F^{\mu\nu a}) = 0 \tag{9.65}$$

であることがわかる．ゲージ場 $A_\mu{}^a$ の2次以下の項でかつ $A_\mu{}^a$ の微分に関して2階以下のゲージ不変な項のうち，空間反転の下で符号を変えないものは，$F_{\mu\nu}{}^a F^{\mu\nu a}$ のみである．したがって，Yang-Mills 場のラグランジアン密度は

$$\mathcal{L} = -\frac{1}{4\mu_0} F^{\mu\nu a} F_{\mu\nu}{}^a \tag{9.66}$$

で与えられる．ここで，MKSA 単位系を用いた．ただし，カラー電流をアンペアではかり，カラー磁場に対する真空の磁気感受率を μ_0 とした．

ラグランジアン密度(9.38)と(9.66)の和が，クォークとYang-Mills場の系を記述する非可換ゲージ不変なラグランジアン密度であり，非可換ゲージ原理から導かれる唯一の理論である．

このラグランジアン密度から導かれるEuler-Lagrange方程式の解を調べることによって，Yang-Mills場で記述される系の物理を知ることができる．

補章 I

運動する荷電粒子による電磁波の放射

本文 6-3 節では，円運動する荷電粒子によって放射される電磁波について述べたが，そこでは，加速運動する荷電粒子による電磁波の放射についての導入的説明が必要であるにも関わらず，それを省略してしまっていた．補章 I では，加速運動する荷電粒子による電磁波の放射に関する一般論を与える．この意味で，補章 I は，6-2 節と 6-3 節の間に位置すべき節と考えられる．ただ，その内容は，相対論的知識を前提としたものであるから，第 7 章を読んだ後で読むのが望ましい．

まず，運動する荷電粒子による電磁場のポテンシャル（Liénard-Wiechert ポテンシャル）を導き，それを用いて，運動する荷電粒子による電場と磁場を求め，それから，加速運動する荷電粒子から放射される電磁場が持ち去るエネルギーを計算する．

HI-1 Liénard-Wiechert ポテンシャル

運動する荷電粒子によって誘起される電磁場のポテンシャル $\phi, \boldsymbol{A}$ を求めよう．そのためには，荷電粒子の運動によって生じる電流密度と電荷密度をもとにして，Maxwell 方程式(6.63)と(6.64)を解かなければならない．ところで，この問題はすでに6-2節のb項とc項で一般的に議論した．そこで求めた遅延ポテンシャルが，いま求めようとしているものに他ならない．しかしながら，遅延ポテンシャルの式(6.66)と(6.67)を見ればわかるように，それらの式には変数が複雑な形で含まれており，式を変形する際に必要な考察はあまり見通しのよいものではない．そこで，ここでは，遅延ポテンシャルを使わず，むしろ相対論的不変性の概念を全面的に用いたやり方で，目的とするポテンシャルを求めることとしよう．

まず，荷電粒子の静止系で考える．粒子の電荷を Q とする．荷電粒子の静止系での Maxwell 方程式(6.63)と(6.64)の解は，当然のことながら Coulomb ポテンシャルであって，

$$\phi(x) = \frac{Q}{4\pi\varepsilon_0|\boldsymbol{r}-\bar{\boldsymbol{r}}|}, \qquad \boldsymbol{A}(x) = 0 \tag{HI.1}$$

である．ただし，$\bar{\boldsymbol{r}}$ は電荷 Q のある位置を表わす位置ベクトルで，x はポテンシャルをはかる位置の4次元ベクトルで，$x^\mu=(ct, \boldsymbol{r})$ である．

いま，4次元ベクトル

$$X^\mu = x^\mu - \bar{x}^\mu \tag{HI.2}$$

を考える．ただし，$\bar{x}^\mu=(c\bar{t}, \bar{\boldsymbol{r}})$ で，$\bar{t}$ は電荷 Q のある位置での時刻であって，光の信号が電荷 Q のある点 $\bar{\boldsymbol{r}}$ からポテンシャルの観測点 $\boldsymbol{r}$ まで到達するのに要する時間がちょうど $t-\bar{t}$ になるようにとってある．したがって，4次元ベクトル X^μ は光円錐上にあることになる．すなわち

$$X^2 = (ct-c\bar{t})^2-(\boldsymbol{r}-\bar{\boldsymbol{r}})^2 = 0 \tag{HI.3}$$

式(7.105)で与えた速度の4次元ベクトル

$$w^\mu = \frac{dx^\mu}{d\tau} = \left(\frac{c}{\sqrt{1-u^2/c^2}}, \frac{\boldsymbol{u}}{\sqrt{1-u^2/c^2}}\right) \tag{HI.4}$$

を思い起こそう．静止系では $\boldsymbol{u}=0$ だから，$w^\mu=(c, 0, 0, 0)$ である．したがって，式(HI.1)は

$$A^\mu(x) = \left(\frac{\phi}{c}, \boldsymbol{A}\right) = \frac{Q}{4\pi\varepsilon_0 c}\frac{w^\mu}{w^\nu X_\nu} \tag{HI.5}$$

と書いてよい．ただし，ここで，式(HI.3)を考慮した．

次に，静止系からはなれて，任意の運動系に移ろう．運動速度を $\boldsymbol{u}$ とする．式(HI.5)は相対論的に共変な形をしているので，任意の座標系でも成り立つと考えられる．式(HI.4)を用いて式(HI.5)を書き表わすと

$$A^\mu(x) = \left(\frac{Q}{4\pi\varepsilon_0 cs|\boldsymbol{r}-\bar{\boldsymbol{r}}|}, \frac{Q\boldsymbol{u}}{4\pi\varepsilon_0 c^2 s|\boldsymbol{r}-\bar{\boldsymbol{r}}|}\right) \tag{HI.6}$$

となる．ここで，

$$s = 1-\frac{\boldsymbol{u}\cdot(\boldsymbol{r}-\bar{\boldsymbol{r}})}{c|\boldsymbol{r}-\bar{\boldsymbol{r}}|} \tag{HI.7}$$

である．したがって，結局，速度 $\boldsymbol{u}$ で運動する電荷 Q の荷電粒子が誘起する電磁場のポテンシャルは

$$\phi(x) = \frac{Q}{4\pi\varepsilon_0|\boldsymbol{r}-\bar{\boldsymbol{r}}|}\frac{1}{s}, \qquad \boldsymbol{A}(x) = \frac{\mu_0 Q}{4\pi|\boldsymbol{r}-\bar{\boldsymbol{r}}|}\frac{\boldsymbol{u}}{s} \tag{HI.8}$$

で与えられることがわかる．式(HI.8)で与えられるポテンシャルは，1889年にA. Liénardによって最初に導入され，さらに1900年にE. Wiechertによって発展研究されたので，**Liénard-Wiechertポテンシャル**とよばれている．

HI-2 運動する荷電粒子による電場と磁場

式(HI.8)で与えられるLiénard-Wiechertポテンシャルがいったん求まってしまえば，これから電場と磁場を計算するのには何の問題もない．ただ，実際の計算そのものはいたって面倒である．

速度 $\boldsymbol{u}$ で運動する電荷 Q の荷電粒子による電場と磁場は，Liénard-Wiechertポテンシャルを，式(5.5)と(5.7)に代入することによって得られる．計算は煩雑であるが，その結果は

$$\boldsymbol{E}=\frac{Q}{4\pi\varepsilon_0(\boldsymbol{r}-\bar{\boldsymbol{r}})^2s^3}\left(1-\frac{u^2}{c^2}\right)\left(\boldsymbol{n}-\frac{\boldsymbol{u}}{c}\right)+\frac{Q\mu_0}{4\pi|\boldsymbol{r}-\bar{\boldsymbol{r}}|s^3}\boldsymbol{n}\times\left(\left(\boldsymbol{n}-\frac{\boldsymbol{u}}{c}\right)\times\dot{\boldsymbol{u}}\right) \tag{HI.9}$$

$$\boldsymbol{H}=\frac{Q}{4\pi(\boldsymbol{r}-\bar{\boldsymbol{r}})^2s^3}\left(1-\frac{u^2}{c^2}\right)(\boldsymbol{u}\times\boldsymbol{n})+\frac{Q}{4\pi c|\boldsymbol{r}-\bar{\boldsymbol{r}}|s^3}\boldsymbol{n}\times\left[\boldsymbol{n}\times\left(\left(\boldsymbol{n}-\frac{\boldsymbol{u}}{c}\right)\times\dot{\boldsymbol{u}}\right)\right] \tag{HI.10}$$

となる．ここで，$\boldsymbol{n}=(\boldsymbol{r}-\bar{\boldsymbol{r}})/|\boldsymbol{r}-\bar{\boldsymbol{r}}|$ であり，$\dot{\boldsymbol{u}}$ は速度の時間微分，すなわち加速度である．

式(HI.9)と(HI.10)の右辺第1項は，粒子の速度のみに依存し，加速度には依存しない．したがって，荷電粒子を等速運動させたときは，この項のみがきき，式(HI.9)と(HI.10)は等速直線運動する荷電粒子による電場と磁場を与える．これに関連する議論は，すでに本文7-5節でなされている．

式(HI.9)と(HI.10)からすぐわかることは，加速度によらない項，すなわち右辺の第1項は，遠方で距離の2乗に反比例して減少するが，加速度による項，すなわち右辺の第2項は，遠方では距離の1乗に反比例して減少するということである．したがって，加速度によらない項は遠方で速く減少し，加速度による項に比して寄与は小さい．すなわち，荷電粒子の運動による電場と磁場は，粒子が加速度運動をするときのほうが強く，運動する荷電粒子からの電磁波の放射は，実質的には加速度運動でのみ起こるということができる．

HI-3 運動する荷電粒子から放射される電磁波のエネルギー

式(HI.9)および(HI.10)において，加速度を含まない項(右辺第1項)を以後無視することとすれば，これらは

$$\boldsymbol{E}=\frac{Q\mu_0}{4\pi|\boldsymbol{r}-\bar{\boldsymbol{r}}|s^3}\boldsymbol{n}\times\left(\left(\boldsymbol{n}-\frac{\boldsymbol{u}}{c}\right)\times\dot{\boldsymbol{u}}\right) \tag{HI.11}$$

$$\boldsymbol{H}=\frac{1}{\mu_0 c}\boldsymbol{n}\times\boldsymbol{E} \tag{HI.12}$$

と書くことができる．

加速度運動する荷電粒子から放射される電磁波が持ち去るエネルギーを求めるために，まずPoyntingベクトルを計算しよう．Poyntingベクトルに対する定義式(6.42)に式(HI.12)を代入し，式(HI.11)に注意すれば，容易に

$$\boldsymbol{P} = \boldsymbol{E} \times \boldsymbol{H} = \frac{1}{\mu_0 c} \boldsymbol{E} \times (\boldsymbol{n} \times \boldsymbol{E}) = \frac{1}{\mu_0 c} E^2 \boldsymbol{n} \qquad \text{(HI.13)}$$

となることを確かめることができる．したがって，式(HI.11)を式(HI.13)に代入して

$$\boldsymbol{P} = \boldsymbol{n} \frac{Q^2}{16\pi^2 \varepsilon_0 c^3 (\boldsymbol{r} - \bar{\boldsymbol{r}})^2 s^6} \left[\boldsymbol{n} \times \left(\left(\boldsymbol{n} - \frac{\boldsymbol{u}}{c} \right) \times \dot{\boldsymbol{u}} \right) \right]^2 \qquad \text{(HI.14)}$$

を得る．

Poyntingベクトルの動径方向成分を球面 S 上で積分すれば，放射される電磁波のエネルギー w が求まる．

$$w = \int_S \boldsymbol{P} \cdot d\boldsymbol{S} \qquad \text{(HI.15)}$$

式(HI.15)に式(HI.14)を代入すると

$$w = \frac{Q^2}{6\pi \varepsilon_0 c^3 (1 - u^2/c^2)^3} (\dot{\boldsymbol{u}}^2 - (\boldsymbol{u} \times \dot{\boldsymbol{u}})^2/c^2) \qquad \text{(HI.16)}$$

が得られる．

いま，円運動する荷電粒子を考えよう．この場合，$\boldsymbol{u}$ と $\dot{\boldsymbol{u}}$ は直交しているから $\boldsymbol{u} \cdot \dot{\boldsymbol{u}} = 0$ であることに注意し，ベクトル解析の公式を適用すると，式(HI.16)は次のようになる．

$$w = \frac{Q^2}{6\pi \varepsilon_0 c^3} \frac{\dot{\boldsymbol{u}}^2}{(1 - u^2/c^2)^2} \qquad \text{(HI.17)}$$

この式は本文中の式(6.92)に他ならない．

補章 II

相対論的電気力学

本文 8-3 節および 9-2 節で，非相対論的な電子の場と電磁場の系の力学，すなわち非相対論的電気力学を取り扱った．非相対論的な電子の場を扱うということは，言い換えれば，電子の(非相対論的な)量子力学を考えているということで，これらの節で取り扱ったのは，電子の電磁相互作用に関する(非相対論的な)量子力学であるといえる．これらの節で非相対論的な場合のみを扱ったのは，170 ページでも述べたように，Schrödinger 方程式の相対論的拡張である Dirac 方程式を論ずるのは，この本の範囲を超えると考えたからであった．しかしながら，やはり，相対論的電気力学を考えることによって始めて電磁力学は完結するものであるから，ここでこれを付け加えたい．すなわち，補章 II では，電子の場を相対論的に扱う方法を調べて Dirac 方程式を導き，相対論的な電子の場と電磁場の系の力学，すなわち相対論的電気力学について解説する．

HII-1　電子の場

自由な電子の Schrödinger 方程式(8.75)は，相対論的不変ではない．その理由は明らかである．すなわち，式(8.75)の左辺は時間に関する 1 階の微分のみを含むのに対して，右辺は空間について2階の微分のみを含むから，線形変換であるLorentz変換によって左右両辺は別々の変換形をとり，式全体として不変になりようがないからである．このことは，Lorentz変換(7.17)を実際に実行してみればすぐわかる．

このように，非相対論的な電子の量子力学から出発した電気力学(非相対論的電気力学)は，電子の速度があまり大きくない範囲内(厳密にいえば，電子の運動エネルギーが電子の質量に比べて小さい範囲)でしか物理現象に適用できない．しかるに，実際には，電子の高エネルギー散乱断面積の計算とか電子の電磁的性質に関する計算のように，電子の相対論的な取扱いが本質的に必要とされる場合がしばしばみられる．このように，相対論的電気力学は，実用上も理論構成上も欠くことのできないものなのである．補章Ⅱでは，8-3節や9-2節の議論を，相対論的に不変な形式で書き改めることを試みよう．

まず，自由な電子の相対論的不変なSchrödinger方程式を，手探りで求めることから手をつけよう．その結果得られる方程式がDirac方程式とよばれるものである．この式の導出はもちろん一意的なものではなく，発見法的なものであり，得られた結果は実験によってのみ確かめられるべきものである．さて，自由な電子のSchrödinger方程式(8.75)が相対論的不変でないことの「よってきたる原因」を考えれば，それは古典的なエネルギーの式(8.74)にある．そこで，これを相対論的な式(7.116)，

$$E = c\sqrt{\boldsymbol{p}^2 + m^2c^2} \qquad (\mathrm{H}Ⅱ.1)$$

で置き換えてみよう．ここで，mは電子の質量である．ところが，式(HⅡ.1)で，量子論へ移行するための置き換え$\boldsymbol{p} \to -i\hbar\nabla$を行なってみると，平方根の下にある微分演算子を定義しなければならなくなり，数学的な困難が伴う．そこで，式(HⅡ.1)の両辺の2乗をとってみよう．

$$E^2 = c^2\boldsymbol{p}^2 + m^2c^4 \qquad (\mathrm{H}Ⅱ.2)$$

ここで，量子論への移行のルール

$$E \to i\hbar\frac{\partial}{\partial t}, \qquad \boldsymbol{p} \to -i\hbar\nabla \qquad (\mathrm{H}Ⅱ.3)$$

を考慮すると，相対論的な Schrödinger 方程式として

$$-\hbar^2\frac{\partial^2\psi}{\partial t^2}=-c^2\hbar^2\triangle\psi+m^2c^4\psi \qquad (\text{HⅡ}.4)$$

を得る．式(HⅡ.4)は，相対論的不変性がもっと明確に見える形に書き直すことができて，

$$\left(\Box+\frac{m^2c^2}{\hbar^2}\right)\psi=0 \qquad (\text{HⅡ}.5)$$

となる．ここで，□は式(7.9)で定義されるダランベルシアンである．式(HⅡ.5)は，通常 **Klein-Gordon 方程式**とよばれている微分方程式である．この式は，たしかに，自由電子に対する Schrödinger 方程式(8.75)を，相対論的不変な形に拡張したものであると考えられる．ただ，実際は，式(HⅡ.5)できまる波動関数 ψ のもつ情報量では，電子の状態を完全に決めてしまうことができず，式(HⅡ.5)は場の基礎方程式としては不十分である．なぜかというと，電子にはスピンという自由度があり，これに伴って波動関数 ψ は2成分の量になっていて，基礎方程式には，この2成分の両方とも決めるべき役目が期待されているにもかかわらず，式(HⅡ.5)には1成分をきめる情報しかないからである(じつは，結果論であるが，電子の波動関数 ψ は，反粒子の分も含めて4成分であることが要求される)．

そこで，原点に立ち返って，いくつかの基本的要請から出発して，自由な電子の満たすべき相対論的不変な Schrödinger 方程式を探り当ててみよう．基本的要請として

1. 自由な電子の波動関数 ψ は，式(HⅡ.5)を満たす，
2. 自由な電子の波動関数 ψ は，多成分からなる，
3. 自由な電子に対する相対論的不変な Schrödinger 方程式は，時間についても空間についても1階の微分のみを含み，線形である，

をとることとする．ここで，3番目の条件には強い必然性はないが，もともとの非相対論的 Schrödinger 方程式が，時間について1階の微分方程式であったということからきている．

まず，条件2から，波動関数ψを次のようなn成分の量であるとしよう．

$$\psi = \begin{pmatrix} \psi_1 \\ \psi_2 \\ \vdots \\ \psi_n \end{pmatrix} \qquad \text{(HⅡ.6)}$$

条件3により，波動関数(HⅡ.6)の各成分は，1階の連立偏微分方程式

$$\begin{aligned} &D_{11}\psi_1 + D_{12}\psi_2 + \cdots + D_{1n}\psi_n + \kappa\psi_1 = 0 \\ &D_{21}\psi_1 + D_{22}\psi_2 + \cdots + D_{2n}\psi_n + \kappa\psi_2 = 0 \\ &\cdots\cdots\cdots\cdots\cdots\cdots \\ &D_{n1}\psi_1 + D_{n2}\psi_2 + \cdots + D_{nn}\psi_n + \kappa\psi_n = 0 \end{aligned} \qquad \text{(HⅡ.7)}$$

を満たすべきである．ただし，D_{ij} $(i, j=1, 2, \cdots, n)$ は次のような微分演算子である．

$$D_{ij} = a_{ij}{}^{\mu}\partial_{\mu} \qquad \text{(HⅡ.8)}$$

ここで，$a_{ij}{}^{\mu}$は定数であり，条件1によって定められるべきものである．式(HⅡ.8)で，定数$a_{ij}{}^{\mu}$を4次元ベクトルのμ成分とみなせば，4次元的内積の記号(7.61)を適用して，式(HⅡ.8)は

$$D_{ij} = a_{ij}\cdot\partial \qquad \text{(HⅡ.9)}$$

と書くこともできる．また，D_{ij}とa_{ij}をn行n列の行列とみなせば，

$$D = a\cdot\partial \qquad \text{(HⅡ.10)}$$

と略記してもよい．すると，式(HⅡ.7)は

$$(D+\kappa)\psi = 0 \qquad \text{(HⅡ.11)}$$

と書ける．ただし，ここで，κは単位行列のκ倍と理解する．

次に，条件1を適用する．式(HⅡ.11)の左から，微分演算子$D-\kappa$を作用させてみよう．

$$(D-\kappa)(D+\kappa)\psi = (D^2-\kappa^2)\psi = 0 \qquad \text{(HⅡ.12)}$$

ここで，

$$\begin{aligned} (D^2)_{ij} &= (a\cdot\partial a\cdot\partial)_{ij} = a_{ik}{}^{\mu}a_{kj}{}^{\nu}\partial_{\mu}\partial_{\nu} \\ &= (a^{\mu}a^{\nu})_{ij}\partial_{\mu}\partial_{\nu} \end{aligned}$$

$$= \frac{1}{2}(a^\mu a^\nu + a^\nu a^\mu)_{ij}\partial_\mu\partial_\nu \qquad (\text{HⅡ}.13)$$

であることに注意しながら，式(HⅡ. 12)を式(HⅡ. 5)と比較する．これらの2式が一致するのは，次の条件が満たされるときである．

$$a^\mu a^\nu + a^\nu a^\mu = -2g^{\mu\nu} \qquad (\text{HⅡ}.14)$$

および

$$\kappa = \frac{mc}{\hbar} \qquad (\text{HⅡ}.15)$$

ただし，式(HⅡ. 14)で，右辺は単位行列の $-2g^{\mu\nu}$ 倍とみなす．条件式(HⅡ. 14)により，定数の行列 a^μ $(\mu=0,1,2,3)$ がきまる．ただ，式(HⅡ. 14)をみればわかる通り，両辺をユニタリー変換しても式は変わらないので，ユニタリー変換の自由度が残り，定数行列 a^μ $(\mu=0,1,2,3)$ は完全にはきまらず，ユニタリー変換分の不定性があることになる．

通常は，

$$a^\mu = -i\gamma^\mu \qquad (\text{HⅡ}.16)$$

とおき，γ^μ を **Dirac 行列**とよぶ．γ^μ を用いると条件式(HⅡ. 14)は

$$\gamma^\mu\gamma^\nu + \gamma^\nu\gamma^\mu = 2g^{\mu\nu} \qquad (\text{HⅡ}.17)$$

となる．式(HⅡ. 17)できまる行列 γ^μ の集まりは，数学の言葉でいえば，1つの代数をなしており，特にこの場合，その代数は **Clifford 代数**とよばれる．詳細は略するが，Clifford 代数における独立な要素の数を数えることによって，Dirac 行列の次数がわかる．今の場合，Dirac 行列 γ^μ の次数は4次であり，したがって4行4列となることを示すことができる．Dirac 行列が4行4列だということは，波動関数 ψ は4成分であるということである．上で述べたように，式(HⅡ. 17)できまる Dirac 行列 γ^μ は，ユニタリー変換の自由度の分だけ不定であるが，通常，γ^0 を対角形にとる表示が採用されることが多い．その場合の具体的な形はすぐ求めることができて，次のようになる．

$$\gamma^0 = \begin{pmatrix} 1 & 0 \\ 0 & -1 \end{pmatrix}, \qquad \gamma^i = \begin{pmatrix} 0 & \tau^i \\ -\tau^i & 0 \end{pmatrix} \qquad (\text{HⅡ}.18)$$

ただし，式(HⅡ. 18)において 1 および 0 はそれぞれ 2 行 2 列の単位行列および ゼロ行列を表わし，τ^i $(i=1,2,3)$ は本文中の式(9. 53)で与えられる Pauli 行列を表わす．

結局，求める相対論的 Schrödinger 方程式は，次のようになる．

$$(-i\gamma^{\mu}\partial_{\mu}+\kappa)\psi = 0 \qquad \text{(HⅡ. 19)}$$

式(HⅡ. 19)は **Dirac 方程式**とよばれる．

HⅡ-2 電子の場と電磁場の系

自由な電子の相対論的 Schrödinger 方程式(自由な電子の場の方程式)は，前節でみたように Dirac 方程式(HⅡ. 19)で与えられる．これに対して仮想仕事の原理を適用すれば，自由な電子の場に対する相対論的不変なラグランジアン $\mathcal{L}$ が求められる．ここではその導出の詳細は省略するが，結果は

$$\mathcal{L} = \bar{\psi}(i\hbar c\gamma^{\mu}\partial_{\mu}-mc^2)\psi \qquad \text{(HⅡ. 20)}$$

となる．ただし，ここで，

$$\bar{\psi} = \psi^{\dagger}\gamma^{0} \qquad \text{(HⅡ. 21)}$$

であり，$\psi^{\dagger}=\psi^{*\mathrm{T}}$ は ψ の Hermite 共役である．式(HⅡ. 20)はたしかに相対論的不変であることを示すことができる．

さて，電子の場と電磁場の系に対するラグランジアンは，自由な電子のラグランジアンからゲージ原理に基づいて導き出すことができることを，本文 9-2 節でみた．その同じ議論を相対論的不変な式(HⅡ. 20)に適用すれば，電子の場と電磁場の系に対する相対論的不変なラグランジアン(すなわち，相対論的電気力学のラグランジアン)が得られるはずである．議論は全く 9-2 節とパラレルであり，式(HⅡ. 20)で

$$\partial_{\mu} \to \partial_{\mu}-i\frac{e}{\hbar}A_{\mu} \qquad \text{(HⅡ. 22)}$$

という置き換えを行なえばよい．式(HⅡ. 20)でこの置き換えを行ない，さらに電磁場のラグランジアン(9. 29)(これはそのままで相対論的不変である)を加え

ると

$$\mathcal{L} = \bar{\psi}\left(i\hbar c\gamma^{\mu}\left(\partial_{\mu} - i\frac{e}{\hbar}A_{\mu}\right) - mc^2\right)\psi - \frac{1}{4\mu_0}F^{\mu\nu}F_{\mu\nu} \qquad (\text{HⅡ}.23)$$

が得られる．これが相対論的電気力学のラグランジアンである．式(HⅡ.23)は，本文中の非相対論的ラグランジアン(8.99)に対応する相対論的な式である．

このラグランジアンに対する Euler-Lagrange 方程式を求めると

$$\partial_{\mu}F^{\mu\nu} = \mu_0 ec\bar{\psi}\gamma^{\nu}\psi \qquad (\text{HⅡ}.24)$$

$$\left(i\hbar c\gamma^{\mu}\left(\partial_{\mu} - i\frac{e}{\hbar}A_{\mu}\right) - mc^2\right)\psi = 0 \qquad (\text{HⅡ}.25)$$

となる．式(HⅡ.24)は電磁場に対する Maxwell 方程式であり，本文中の式(7.90)と比較すれば，電流の 4 次元ベクトルが

$$j^{\mu} = ec\bar{\psi}\gamma^{\mu}\psi \qquad (\text{HⅡ}.26)$$

で与えられることがわかる．式(HⅡ.25)は，電磁場の下での電子の場の相対論的方程式，すなわち電磁場の下での Dirac 方程式である．式(HⅡ.26)で与えられる電流の表式を用いると，ラグランジアン(HⅡ.23)は

$$\mathcal{L} = \bar{\psi}(i\hbar c\gamma^{\mu}\partial_{\mu} - mc^2)\psi + j^{\mu}A_{\mu} - \frac{1}{4\mu_0}F^{\mu\nu}F_{\mu\nu} \qquad (\text{HⅡ}.27)$$

と書くこともできる．式(HⅡ.27)は，本文中の非相対論的な式(8.98)に対比されるべき式であり，相対論的不変性が一目瞭然である．

相対論的電気力学のラグランジアン(HⅡ.23)または(HⅡ.27)において，電子の場 ψ と電磁場 A_{μ} に対して正準交換関係を設定すれば場の量子論に移行し，いわゆる量子電気力学とよばれるものになる．しかし，量子電気力学はこの本の範囲を超えるので，ここでは立ち入ることはしない．

第 2 次世界大戦直後，戦時研究にかり出されていた物理学者達が通常の研究生活に戻って，一部の研究者達は原子レベルでの電磁気現象の精密測定を始めた．これらの研究によって，水素原子のエネルギー準位の微細なずれが見いだされ，また，電子の磁気モーメントが，そのスピンから期待される値からわずかにずれることが発見された．これらの新しい実験事実を説明するためには，

電気力学の量子論，すなわち量子電気力学を完成させ，それを用いた計算法を開発することが必要となった．朝永振一郎，R. P. Feynman，J. Schwinger らは，1946-49 年頃にこの分野の先駆的な研究を推進した．F. J. Dyson は，これらの研究を美しい形にまとめあげ，今日用いられているような定式化を与えた．

あとがき

物理学の理論は，自然界に起こる現象の中から基本的な事実をとりだし，それに数学的な表現を与えることによって定式化される．こうしていったん理論が完成すると，その理論の構造をいろいろな角度からくわしく調べることによって，さらに新たな発展の芽が生まれる．新たな発展の可能性としては，

（1） その理論による新しい現象の予言

（2） その理論にひそむ新しい対称性の発見

などが考えられる．

電磁気学の場合も，上の見方をそのまま当てはめることができる．19世紀末に，Maxwellは，いくつかの鍵となる実験事実に対して数学的表現を与え，統一理論としての電磁気学を完成させた．こうして得られた電磁気学の理論的構造を調べることによって，次の3つの大きな発展の手掛りが得られた．

（1） 電磁波の予言

（2） 特殊相対性理論の発見

（3） ゲージ場の理論の発見

電磁波の予言は，まさしく新しい現象の予言に他ならない．Maxwellは，1855年から1864年にかけて発表した論文によって電磁気現象に対する理論を完成するのであるが，すでに1861年の論文で，この理論から電磁波の存在が

予言されることを指摘している．この予言は，本文で述べたように，Hertzによって実験的に検証され，Maxwell理論の基礎を確固たるものとし，新たな応用の道を拓くのに大いに役立ったのである．

特殊相対性理論とゲージ場の理論の発見は，新しい対称性の発見に相当する．Einsteinが特殊相対性理論に到達したのは1905年のことである．電磁気学は，Lorentz変換という時空座標の変換の下で不変であるという隠れた対称性をもっている．この相対論的不変性という電磁気学の理論の特徴を手掛りとして，Einsteinは特殊相対性理論を発見した．相対性理論が現代物理学の進展に与えた影響の大きさについては，言うまでもないことであろう．一方，電磁気学に現われるAbelゲージ不変性という隠れた対称性は，本文でも述べたように，非Abelゲージ不変性という形で拡張することができる．この事実を最初に指摘したのは，YangとMillsで，Maxwell理論から約100年経った1954年になってであった．

YangとMillsは，彼らの非Abelゲージ場理論を，アイソスピン対称性に適用しようとした．今日では，これは正しくないことはよく知られている．しかしながら，非Abelゲージ場理論自体は，素粒子を記述する基本的な理論として生き延びている．完全な理論は，どのようなものでも，自然界のどこかで実現されていると考えるに足る根拠をもっている．ゲージ場の理論の場合は，それどころか，ゲージ原理をもとにして自然現象を統一的に記述しようという壮大な夢を与えてくれそうである．本書では，その夢のほんの入口付近を垣間みたにすぎない．くわしいことは，本講座第20巻「ゲージ場の理論」(藤川和男著)で述べられるであろう．

付録
数学公式

1 ベクトル解析

1-1 諸定義

座標ベクトルを $\boldsymbol{r}=(x,y,z)$ とする．微分演算子のベクトル ∇ を

$$\nabla = \frac{\partial}{\partial \boldsymbol{r}} = \left(\frac{\partial}{\partial x}, \frac{\partial}{\partial y}, \frac{\partial}{\partial z}\right) = (\partial_x, \partial_y, \partial_z) \tag{A.1}$$

で定義する．∇ はナブラと読む．2 階微分の演算子 Δ を

$$\Delta = \nabla^2 = \frac{\partial^2}{\partial x^2}+\frac{\partial^2}{\partial y^2}+\frac{\partial^2}{\partial z^2} = \partial_x{}^2+\partial_y{}^2+\partial_z{}^2 \tag{A.2}$$

で定義し，ラプラシアン(Laplacian)とよぶ．

スカラー関数を $f(\boldsymbol{r}), g(\boldsymbol{r}), h(\boldsymbol{r}), \cdots$ などと書き，ベクトル関数を $\boldsymbol{A}(\boldsymbol{r}), \boldsymbol{B}(\boldsymbol{r}), \boldsymbol{C}(\boldsymbol{r}), \cdots$ などと書くこととする．

勾配(gradient)

$$\mathrm{grad}\, f = \nabla f = \frac{\partial f}{\partial \boldsymbol{r}} = (\partial_x f, \partial_y f, \partial_z f) \tag{A.3}$$

発散(divergence)

$$\mathrm{div}\, \boldsymbol{A} = \nabla\cdot\boldsymbol{A} = \partial_x A_x+\partial_y A_y+\partial_z A_z \tag{A.4}$$

回転(rotation)

$$\begin{aligned}\mathrm{rot}\, \boldsymbol{A} &= \nabla\times A = \varepsilon_{ijk}\nabla_j A_k \\ &= (\partial_y A_z-\partial_z A_y,\ \partial_z A_x-\partial_x A_z,\ \partial_x A_y-\partial_y A_x)\end{aligned} \tag{A.5}$$

線積分

線分 C 上の1点 $\boldsymbol{r}$ において，C の接線方向の微小ベクトル（線素ベクトル）$d\boldsymbol{l}=(dx, dy, dz)$ を考える．ベクトル関数 $\boldsymbol{A}(\boldsymbol{r})$ の線分 C 上での積分

$$\int_C \boldsymbol{A}(\boldsymbol{r})\cdot d\boldsymbol{l} = \int_C (A_x dx + A_y dy + A_z dz) \tag{A.6}$$

を，ベクトル関数 $\boldsymbol{A}(\boldsymbol{r})$ の線分 C にそっての線積分という．

面積分

曲面 S 上の1点 $\boldsymbol{r}$ において，曲面の法線方向の微小ベクトル（面素ベクトル）$d\boldsymbol{S}=(dydz, dzdx, dxdy)$ を考える．ベクトル関数 $\boldsymbol{A}(\boldsymbol{r})$ の曲面 S 上での積分

$$\int_S \boldsymbol{A}(\boldsymbol{r})\cdot d\boldsymbol{S} = \int_S (A_x dydz + A_y dzdx + A_z dxdy) \tag{A.7}$$

を，ベクトル関数 $\boldsymbol{A}(\boldsymbol{r})$ の曲面 S の上での面積分という．

体積分

領域 V 内の1点 $\boldsymbol{r}$ において，微小体積 $dv=dxdydz$ を考える．スカラー関数 $f(\boldsymbol{r})$ の領域 V における積分

$$\int_V f(\boldsymbol{r})dv = \int_V f dxdydz \tag{A.8}$$

を，関数 $f(\boldsymbol{r})$ の領域 V での体積分という．

1-2　公式および定理

$$\boldsymbol{A}\times(\boldsymbol{B}\times\boldsymbol{C}) = (\boldsymbol{A}\cdot\boldsymbol{C})\boldsymbol{B} - (\boldsymbol{A}\cdot\boldsymbol{B})\boldsymbol{C} \tag{A.9}$$

$$\boldsymbol{A}\cdot(\boldsymbol{B}\times\boldsymbol{C}) = \boldsymbol{B}\cdot(\boldsymbol{C}\times\boldsymbol{A}) = \boldsymbol{C}\cdot(\boldsymbol{A}\times\boldsymbol{B}) = \det\begin{pmatrix} A_x & A_y & A_z \\ B_x & B_y & B_z \\ C_x & C_y & C_z \end{pmatrix} \tag{A.10}$$

$$\mathrm{grad}(fg) = f\,\mathrm{grad}\,g + g\,\mathrm{grad}\,f \tag{A.11}$$

$$\mathrm{div}(f\boldsymbol{A}) = f\,\mathrm{div}\,\boldsymbol{A} + \boldsymbol{A}\cdot\mathrm{grad}\,f \tag{A.12}$$

$$\mathrm{div}\,(\boldsymbol{A}\times\boldsymbol{B}) = (\mathrm{rot}\,\boldsymbol{A})\cdot\boldsymbol{B} - \boldsymbol{A}\cdot\mathrm{rot}\,\boldsymbol{B} \tag{A.13}$$

$$\mathrm{div}\,\mathrm{grad}\,f = \Delta f \tag{A.14}$$

$$\mathrm{div}\,\mathrm{rot}\,\boldsymbol{A} = 0 \tag{A.15}$$

$$\mathrm{rot}\,\mathrm{grad}\,f = 0 \tag{A.16}$$

$$\mathrm{rot}\,\mathrm{rot}\,\boldsymbol{A} = \mathrm{grad}\,\mathrm{div}\,\boldsymbol{A} - \Delta\boldsymbol{A} \tag{A.17}$$

$$(\boldsymbol{A}\times\mathrm{rot}\,\boldsymbol{B})_i = \boldsymbol{A}\cdot(\nabla_i\boldsymbol{B}) - (\boldsymbol{A}\cdot\nabla)B_i \tag{A.18}$$

$$\mathrm{grad}\,r = \frac{\boldsymbol{r}}{r} \tag{A.19}$$

$$\mathrm{grad}\,\frac{1}{r} = -\frac{\boldsymbol{r}}{r^3} \tag{A.20}$$

$$\Delta\frac{1}{r} = -4\pi\delta^3(\boldsymbol{r}) \tag{A.21}$$

Gaussの発散定理

閉曲面Sによって囲まれた領域Vを考える．ベクトル関数$\boldsymbol{A}(\boldsymbol{r})$に関して次の公式が成り立つ．

$$\int_V dv \operatorname{div} \boldsymbol{A} = \int_S \boldsymbol{A}\cdot d\boldsymbol{S} \tag{A.22}$$

Stokesの定理

曲面Sの境界線をCとするとき，ベクトル関数$\boldsymbol{A}(\boldsymbol{r})$に関して次の公式が成り立つ．

$$\int_S d\boldsymbol{S}\cdot\operatorname{rot}\boldsymbol{A} = \int_C \boldsymbol{A}\cdot d\boldsymbol{l} \tag{A.23}$$

2　デルタ関数

2-1　定義

変数xの関数$\delta(x)$を考える．関数$\delta(x)$は，$x=0$以外のいたるところで0で，任意の連続関数$f(x)$に対して

$$\int_{-\infty}^{\infty} f(x)\delta(x)dx = f(0) \tag{A.24}$$

を満たす．このような関数$\delta(x)$を**Diracのデルタ関数**という（数学的にもっと厳密な定義については，参考書等を参照されたい）．デルタ関数は，形式的には次の積分によって定義できる．

$$\delta(x) = \frac{1}{2\pi}\int_{-\infty}^{\infty} e^{ikx}dk \tag{A.25}$$

この積分はしかし数学的には厳密に定義されていない．そこで，これを次のような極限操作で理解するものとする．

$$\delta(x) = \frac{1}{2\pi}\lim_{\Lambda\to\infty}\int_{-\Lambda}^{\Lambda} e^{ikx}dk = \lim_{\Lambda\to\infty}\frac{\sin(\Lambda x)}{\pi x} \tag{A.26}$$

$$= \frac{1}{2\pi}\lim_{\varepsilon\to 0}\int_{-\infty}^{\infty} e^{ikx-\varepsilon|k|}dk = \lim_{\varepsilon\to 0}\frac{1}{\pi}\frac{\varepsilon}{x^2+\varepsilon^2}\quad(\varepsilon>0) \tag{A.27}$$

$$= \frac{1}{2\pi}\lim_{\varepsilon\to 0}\int_{-\infty}^{\infty} e^{ikx-\varepsilon k^2}dk = \lim_{\varepsilon\to 0}\frac{e^{-x^2/4\varepsilon}}{2\sqrt{\pi\varepsilon}} \tag{A.28}$$

デルタ関数は，**階段関数**（step function）$\theta(x)$の微分

$$\delta(x) = \frac{d\theta(x)}{dx} \tag{A.29}$$

という形でも与えることができる．階段関数は

$$\theta(x) = \begin{cases} 1 & (0 \leqq x \text{ のとき}) \\ 0 & (x < 0 \text{ のとき}) \end{cases} \tag{A.30}$$

で定義される．

2-2　公式

$f(x)=0$ のすべての根を $x=x_i$（$i=1, 2, \cdots, n$）とするとき

$$\delta(f(x)) = \sum_{i=1}^{n} \frac{\delta(x-x_i)}{|f'(x_i)|} \tag{A.31}$$

が成り立つ．ここで，$f'(x)$ は，$f(x)$ の x に関する微分である．

3　Fourier 変換

$-\infty<\omega<\infty$ で定義された関数 $\hat{f}(\omega)$ は，変数 ω について何回でも微分可能で，$|\omega|\to\infty$ で十分速く減少しているものとする．この関数 $\hat{f}(\omega)$ に対して，積分

$$f(t) = \int_{-\infty}^{\infty} d\omega e^{i\omega t} \hat{f}(\omega) \tag{A.32}$$

で定義される関数 $f(t)$ を，$\hat{f}(\omega)$ の **Fourier 変換**といい，また，積分(A.32)自体も変換式とみなして Fourier 変換とよぶ．

式(A.32)は，逆に解くことができて，反転公式

$$\hat{f}(\omega) = \frac{1}{2\pi} \int_{-\infty}^{\infty} dt e^{-i\omega t} f(t) \tag{A.33}$$

が成り立つ．式(A.33)を **Fourier 逆変換**とよぶ．

Fourier 変換は多重積分に拡張することができる．例えば，3 変数 k_x, k_y, k_z の関数 $\hat{f}(k_x, k_y, k_z)$ に対して，Fourier 変換

$$f(x, y, z) = \int_{-\infty}^{\infty} dk_x e^{-ik_x x} \int_{-\infty}^{\infty} dk_y e^{-ik_y y} \int_{-\infty}^{\infty} dk_z e^{-ik_z z} \hat{f}(k_x, k_y, k_z) \tag{A.34}$$

を定義することができる．ここで，指数関数の指数部のマイナス符号は便宜上つけたもので，プラスでもよい．3 変数 k_x, k_y, k_z をまとめてベクトル $\boldsymbol{k}=(k_x, k_y, k_z)$ とみなして，式(A.34)を

$$f(\boldsymbol{r}) = \int_{-\infty}^{\infty} d^3 k e^{-i\boldsymbol{k}\cdot\boldsymbol{r}} \hat{f}(\boldsymbol{k}) \tag{A.35}$$

のように，簡単な形で書き表わすことができる．

式(A.35)に対する逆変換は

$$\hat{f}(\boldsymbol{k}) = \frac{1}{(2\pi)^3} \int_{-\infty}^{\infty} d^3 r e^{i\boldsymbol{k}\cdot\boldsymbol{r}} f(\boldsymbol{r}) \tag{A.36}$$

で与えられる．

参考書・文献

電磁気学に関する参考書は，内外を問わず，無数にある．あるものは初等的であり，あるものは上級者向きであり，またあるものは現象にくわしく，あるものはより数学的である．これらの中から，特定のものを抜き出して，読者に推奨するのは，著者の望むところでもないし，また当を得たことでもなかろう．

ここでは，むしろ，本書でカバーしきれなかった部分を補うような参考文献に的をしぼって紹介することとする．

電磁気学の理論的な側面を学ぶ上で，欠かすことのできない数学的な道具立ては，ベクトル解析である．本書では，これについての知識は最初から仮定して，話をすすめた．ベクトル解析についてまだ不慣れな読者は

［1］　安達忠次：ベクトル解析（培風館，1950）

などを参照されればよいであろう．デルタ関数についてのくわしい解説は，例えば

［2］　今井功：応用超関数論 I，II（サイエンス社，1981）

にある．

本書では，できるだけ初等的なところから出発して，より高度な議論に進むように心がけたつもりであるが，種々の実際的な問題についての入門的な解説は，ある程度割愛せざるを得なかった．電磁気学についての手際よい入門書としては

［3］　近角聰信：基礎電磁気学（培風館，1990）

がある．

本書の性格上，具体的な電磁気的現象に関する解説は最小限にとどめ，電磁気学の定式化の筋道に重点をおいて話をすすめた．広範囲の電磁気的現象について，もっとくわしい解説を必要とする読者は

[4]　高橋秀俊：電磁気学(裳華房，1959)

などを参照されればよいであろう．また，バランスのとれた標準的な教科書としては

[5]　W. K. H. Panofsky and M. Phillips: *Classical Electricity and Magnetism* (Addison-Wesley, 1961)[林忠四郎，天野恒雄訳：電磁気学(吉岡書店，1982)]

がある．

電磁気学の理論的な側面をくわしく解説し，相対論的不変性などを説明しながら，電磁波の放射などの具体的な問題も詳細に取り扱ったものとしては

[6]　J. D. Jackson: *Classical Electrodynamics* (John Wiley and Sons, 1962)

[7]　平川浩正：電気力学(培風館，1989)

などがある．電磁気学の理論的な側面を，意識的に強調して書かれた教科書として

[8]　砂川重信：理論電磁気学(紀伊國屋書店，1965)

があり，本書との共通部分も多い．

電磁波について，特にくわしく解説した著書として

[9]　清水忠雄：電磁波の物理(朝倉書店，1982)

がある．

電磁気学の古典を紐解くという意味では，Maxwell の原著に接するのも興味あることであろう．

[10]　J. C. Maxwell: *A Treatise on Electricity and Magnetism* (Dover, 1954)

本書では触れなかったが，点電荷の電磁気学を推し進めて行くと，自己場の反作用による発散という大問題につきあたってしまう．このことは，すでに，Lorentz によってくわしく調べられていたことである．これに関連する古典として

[11]　H. A. Lorentz: *The Theory of Electrons* (Dover, 1952)

がある．

特殊相対性理論に関しては，多くの教科書が存在する．その中でも，電磁気学とのかかわりについて，比較的くわしく解説したものとしては

[12]　C. Møller: *The Theory of Relativity* (Oxford University Press, 1952)[永田恒夫，伊藤大介訳：相対性理論(みすず書房，1959)]

[13]　L. Landau and E. Lifshitz: *The Classical Theory of Fields* [広重徹，恒藤敏彦訳：場の古典論(東京図書，1964)]

などがあげられよう．特殊相対性理論を学ぶにあたって，見逃すことのできないものは，Einstein の原論文である．非常にわかりやすく明快であり，初等的な知識のみで，十分読みこなすことができる．この原論文の中に，今日，われわれが問題としていることのほとんどが含まれていることは，驚くべきことである．

[14]　A. Einstein: 'Zur Elektrodynamik bewegter Koerper', Annalen der Physik 17(1905)[内山龍雄訳：相対性理論(岩波文庫，1989)]

特殊相対性理論に関連する古典的論文を収録した英訳論文集として

[15]　*The Principle of Relativity* (Dover, 1923)
がある．

ゲージ場の量子論については，数多くの優れた入門書がある．その一例として

[16]　藤川和男：ゲージ場の理論(本講座第20巻)(岩波書店，1993)
[17]　P. H. Frampton: *Gauge Field Theories* (Benjamin/Cummings, 1987)
をあげることができよう．

本書では，初学者でもすぐに取り組めるという主旨の下に，できるだけ予備知識なしでも読めるように心がけたつもりであるが，実例や演習問題などによって，それぞれのトピックスをマスターできるようにする余裕まではなかった．入門書として本書と併用すれば，よりいっそう効果が上がるものとして

[18]　原康夫：電磁気学入門(学術図書出版社，1979)
をあげておきたい．

また，Maxwell方程式を中心にすえて理論的考察を行なった最近の参考書として

[19]　川村清：電磁気学(岩波書店，1994)
がある．

誘電体や磁性体に関しては，本書の論旨からみて必要な最小限のことしか述べていない．磁性についての更に進んだ勉強をしたい読者は

[20]　金森順次郎：磁性(培風館，1969)
を参照されるとよいであろう．

第2次刊行に際して

電磁力学を統一理論のお手本としながら発展してきた，ゲージ原理に基づく統一場の理論は近年大きな進展を見せ，その理論的基礎の研究と同時に宇宙論等への応用も進んでいる．他方，それらの基礎となる電磁力学(電磁気学)は，長い歴史を持ち，すでに確立した学問であり，この4年間程度の間にその学問的な内容が変わるようなものではない．したがって，別段内容の改訂を行なうようなことはないのであるが，ただ，第1次刊行の際に，諸般の事情で盛り込めなかった事項や，取り入れるべきであったにも関わらず落ちていた事項などもあるので，第2次刊行に際して，これらを追加原稿として書き加えることとした．

「第6章電磁波」において，加速運動する荷電粒子による電磁波の放射については，十分な記述をしていなかった．そこで，6-3節の補足として「補章I 運動する荷電粒子による電磁波の放射」を加えた．

「第8章 Lagrange 形式の Maxwell 理論」では，電子の場と電磁場の系に対する電気力学を解説したが，電子の場に対しては非相対論的な量子力学を用いた．これを相対論的な形式に書き改め，相対論的電気力学を導入しておいたほうが，応用面からみても，また，次に場の量子論としての量子電気力学を学ぶという観点からも望ましいことである．そこで，Dirac 方程式の発見法的導出や相対論的電気力学のラグランジアンの導き方について「補章 II 相対論的電気力学」で解説した．

「参考書・文献」でもいくらか不十分な面があったので，これを少々補強した．また，第1次刊行版で，いくらかのミスプリントが発見されたので，これらを全て訂正した．

第2次刊行の準備段階でも多くの方々のお世話になった．特に，城健男教授に磁性体に関して有益なご議論をいただき，種々ご教示いただいた．ここに謝意を表したい．また，多忙な公務のため，遅々として筆が進まない著者を，時には叱咤激励しながら辛抱強くひっぱっていただいた岩波書店の片山宏海氏に心から感謝したい．

1996年8月

東広島にて　著者

索引

■岩波オンデマンドブックス■

現代物理学叢書　電磁力学

2001 年 2 月15日　第 1 刷発行
2004 年 4 月23日　第 2 刷発行
2016 年 8 月16日　オンデマンド版発行

著　者　牟田泰三（むたたいぞう）

発行者　岡本　厚

発行所　株式会社　岩波書店
〒101-8002　東京都千代田区一ツ橋 2-5-5
電話案内　03-5210-4000
http://www.iwanami.co.jp/

印刷／製本・法令印刷

ISBN 978-4-00-730461-3　　Printed in Japan